JN253834

CyberCodeを使ったPlayStation™ゲーム（本文10ページ参照）
（出所）THE EYE OF JUDGMENT ™ © 2007 Sony Computer Entertainment Inc.

CyberCodeを使ったスマートフォンによる広告（本文13ページ参照）
※「GnG」(Get and Go)は、クウジット株式会社が提供するARマーケティングツールです。

大和ハウスとの共同プロジェクト「萌家電」（本文61ページ参照）
（出所）株式会社ソニーコンピュータサイエンス研究所

12Pixelsによりギャラリーに集まった作品（本文67ページ参照）
（出所）株式会社ソニーコンピュータサイエンス研究所

ガーナにおけるサッカーのパブリック・ビューイング（本文101ページ参照）
（出所）株式会社ソニーコンピュータサイエンス研究所

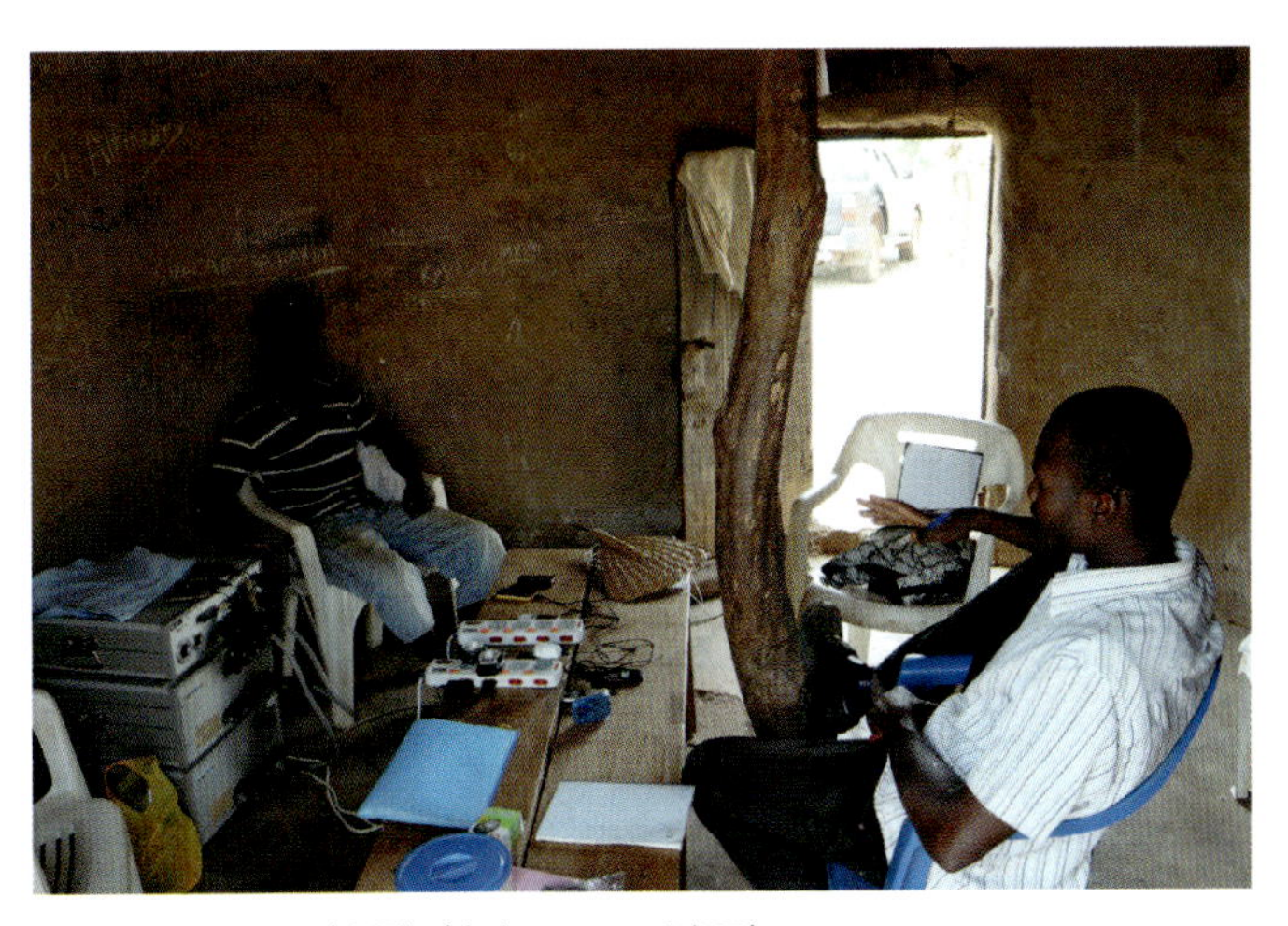

ガーナにおける研究活動（本文104ページ参照）
（出所）株式会社ソニーコンピュータサイエンス研究所

沖縄でのオープンエネルギーシステム(OES)プロジェクト（本文107ページ参照）
（出所）株式会社ソニーコンピュータサイエンス研究所

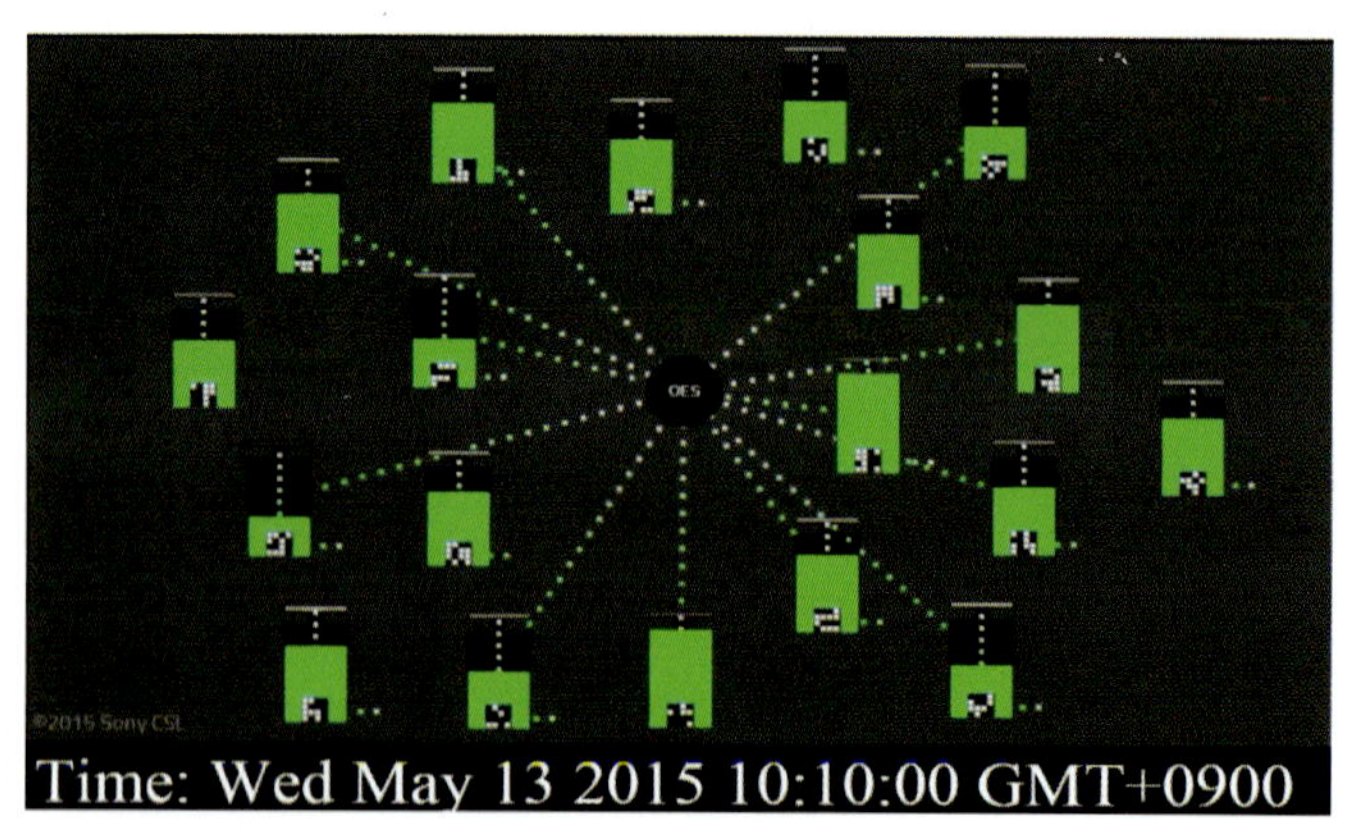

沖縄での電力融通システム（本文108ページ参照）
（出所）株式会社ソニーコンピュータサイエンス研究所

研究を売れ！

ソニーコンピュータサイエンス研究所のしたたかな技術経営

夏目 哲・所 眞理雄

丸善プラネット

まえがき

「画期的な研究成果が出たのに、商品事業部は受け取ってくれず、一向に商品化されない」
「新しい技術ができたが、どこに持って行ったらいいか分からない」
「最近話題のあの技術、七年前に自分が研究していたものと全く同じだ。先に実用化していたら世界初だったのに悔しい！」

多くの研究者が、研究だけでなくその後の実用化の段階で日々苦労をし、悔しい思いをしていると思う。

一方、研究所のマネジメントも、いかにして研究所のパフォーマンスを上げるか、いかにして新しい研究成果を生み出し、それを実用化するかに日夜腐心しているはずだ。

「うちの研究所の成果をなぜ商品事業部は引き継いで商品化してくれないのか」
「既存技術の改善はいいが、研究所に期待されている全く新しい技術を生み出しても、持って行きどころがないじゃないか」

えている。

私はそれに対して、「研究営業」という組織を研究所の中に持つことが、一つの解だと考えている。

私（夏目）はソニーコンピュータサイエンス研究所（以下、ソニーCSL）において、「テクノロジープロモーションオフィス（TPO）」という研究営業組織を率いている。この組織が活動を始めたのは二〇〇四年八月で、一〇年余の歴史を持つ。

作家に編集者が、映画監督にプロデューサーが、アスリートにコーチがついているように、クリエイティブな才能が花開き成果を世に出すためには、才能のある人に寄り添い、盛りたてる役割をする人間が必要だ。つまり研究者には、「研究営業」が必要なのである。

ただ、編集者とコーチの仕事が異なるように、研究営業の仕事も独特である。私自身も、最初のビジョンはおぼろげだったが、この一〇年の間に何度も壁にぶつかり、いろいろな試行錯誤を繰り返すことにより、研究営業の仕事のやり方の蓄積ができた。そして一〇年を改めて振り返ってみると、自分たちのやってきたことこそが研究営業なのだと思えるようになってきた。

私は本書を通して、これからの研究所の在り方として不可欠な、「研究営業」の活動の内容とその手法について、まずは皆さんに理解していただきたいと思っている。

本書の執筆においては、夏目が第Ⅰ部および第Ⅱ部を担当した。第Ⅲ部は、ソニーCSLの創設者（ファウンダー）である所眞理雄が執筆した。第Ⅲ部によって、技術経営の視点からの「研究営業」の意味付けが明確になり、本書が一研究所の研究営業の事例集から、今後の基礎研究所運営の一般論ともなりうる内容になったことと思う。

本書をきっかけに、同様の活動が様々なところで実践されることにより、研究と事業がつながり、少しでも多くの研究成果が実用化され、人類・社会に貢献することを切に願っている。

二〇一五年一二月

著者を代表して

夏　目　哲

目次

第Ⅰ部

ソニーCSLが研究を実用化できる秘密

第1章 テクノロジープロモーションオフィス（TPO）の誕生

1 研究営業の日常

研究営業がどんな仕事かというイメージをつかんでいただくために、まずは、私たちテクノロジープロモーションオフィス（TPO）のメンバーの日常をいくつかご紹介しよう。

（研究所の一室で）

「このあいだの所長への研究進捗の説明は難しくてよく分からなかったな。素人にも分かるようにもう一度説明してくれないか」と私。

「しょうがないな……もう一度説明するよ」と答える、研究者A氏。

そう言ってA氏は研究内容を説明してくれたのだが……。

4

「この技術説明は分かりにくいね。我々が素人でもわかるような資料を作るので、できたらチェックしてほしいな。このパワポの画像は使っていいのかな? それから、この技術には、一言で特徴が分かるような名前が必要だと思う。寝ないで案を考えてくるので、あなたも何か考えてほしいんだけど……」

（ソニー本社製品事業部の会議室で）

ソニーCSLのある研究を紹介すると……。

「こんな技術があることは知らなかったな。処理時間はどれくらいかかるのかな?」

「かなり速いと聞いていますが、具体的な数値は、研究者に確認しなければちょっと……」

「じゃあプログラムのサイズは?」「他社が提供している○○技術と何が違うのかね?」「こういうデータでも処理できるのかな?」

「……」

「何も答えられないじゃないか! 技術的な質問にも答えられないのでは、検討できないよ。出直してきてくれ!」

（研究所の一室で）

「このあいだ○○事業部に説明に行ったが、質問攻めの滅多打ちにあって、門前払いを食らっちゃったよ。こんなことを聞かれたんだけど、次はどう答えればいいか教えてくれないか」

「分かった。次はこう答えてくれ。でも、もう先方は話を聞いてくれないんじゃないか？」

「いや、あきらめてないよ。もう一度説明に行ってみる！　でもダメだったら☆☆部長はガードが固いから、もっと柔らかそうな□□部長に売り込むことにするよ」

（△△部長からの電話）

「再来年の商品に関して企画構想に入っている。研究所のほうに面白い技術があるかどうか興味があるので、企画のメンバーを集めるからデモをやってくれないか？」

「ぜひうちの研究を紹介させてください、飛んでいきますから！　今日の夕方時間をもらえますか？」

私たちソニーCSLの「研究営業（テクノロジープロモーションオフィス、TPO）」は、日々このような活動を通して、研究所の個々の研究をソニー本社やグループ会社の様々な事業部、さらには他の企業に売り込んでいる。

「研究所に営業?」と思うかもしれない。では、いったいどういう組織で、どんな活動をしているのか、まずは一つの事例を紹介しよう。

2　研究と実用化の時間的ギャップを超える研究営業

一九九〇年代にAR技術を発明

研究によって技術を開発し、それを事業部に移管し、それが商品化されて世の中に出るというのが、企業の研究の典型的なビジネス化のパターンである。ただ、先端的研究を行い、世界初の技術を追求すれば、おのずと時代より五年一〇年先のことをやっているので、研究しているときには、世の中の環境がついてきていないことがよくある。つまり、研究と実用化の間にはかなりの時間的ギャップが存在するのである。

また先端研究者の特性として、常に新しいこと、世の中にないものを考えている以上、「最近どうですか」という質問に対して、最新の研究を紹介することはあっても、一〇年前にやった研究の紹介をすることはまずないと言っていい。しかし、実は世の中の環境が整って、今こそその一〇年前の技術を持ち出すべきだという状況は当然ある。

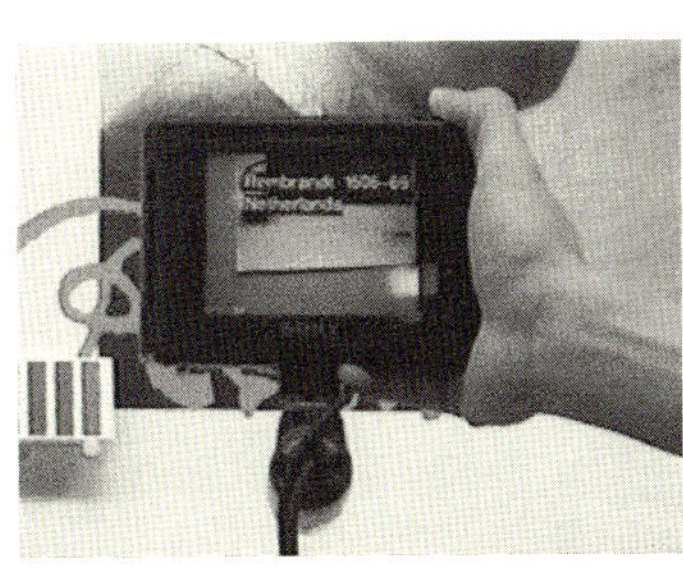

図1–1　暦本研究員によるAR初期研究NaviCam

（出所）株式会社ソニーコンピュータサイエンス研究所

これこそ「研究営業」の出番だ。つまり研究者は次々と先端の研究を追求する一方で、生み出された研究成果の実用化を粘り強く追求していくのが研究営業である。

それを示す事例としてまず紹介したいのが、Augmented Reality（AR）技術の話だ。日本語では「拡張現実感」とも言われ、コンピュータグラフィックスのように実際には存在しない仮想のものと現実空間とを同時に提示することにより、人間にとってより分かりやすい形で情報を提供したり、仮想のものとインタラクションしたり、はたまた単純にびっくりさせたりすることができる。これは、一九九〇年代前半に、現ソニーCSL副所長暦本純一が発明し、提唱した分野である（図**1**–**1**）。

九〇年代前半を思い起こしてみれば、まだインターネットも普及していない時代で、PCにカメラをつなぐだけでも難しかった。またコンピュータグラフィックス（ＣＧ）も、PlayStation（PS）も登場しておらず、高価なワークステーションでやっと単純な図形が表示できるような時代だった。その時代にこのような研究を行っていたこと自体、驚異なのだが、一方で、当時のインフラを考えると、まだ実用化のできる状態ではなかった。

しかし、二〇〇〇年代に入ってからは、まずカメラは小さくて安いものになり、ＰＣどころか、携帯電話にも当然のように搭載されている状態になった。また、コンピュータグラフィックスの生成を考えても、ＰＳやスマートフォンなどでリッチなＣＧを簡単に扱えるようになっている。つまり、ＡＲのような技術が実現する環境がようやく整ってきたのである。

ＡＲ技術が一三年かかってゲームとして結実

このＡＲにおいて、暦本が発明した技術の一つがCyberCodeである。CyberCodeは、ビジュアルマーカー型でＡＲを実現した世界初の技術で、後に類似ソフトも出てきて、一大分野を築いている二次元バーコード技術であるが、九〇年代に一度VAIO-C1というソニーのＰＣに搭載されたものの、継続的には使われてこなかった。ＶＡＩＯに搭載された時は、非常にエポックメイキングなものとして話題になったが、まだこの技術が世の中に広がるには環境が整っていなかった。

この技術について、実用化に向けて執念を持ち続けていたのが現在もＴＰＯのアドバイザーである吉村司だった。

吉村は、以前バーチャルリアリティプロジェクトに携わっており、そこで検討されていたのがCyberCodeだった。そのプロジェクトから五年以上たった二〇〇三年になっても、このCyberCodeの活用を頭の片隅で考えていた。当時の仕事上の関係から、吉村はソニー・コンピュータエンタテインメント（ＳＣＥ）のゲームプロデューサーともいろいろな付き合いがあった。そのうちの一人、宮木暁プロデューサーと吉村の間で、CyberCodeを使ったPlayStation 2（PS2）用カードゲームという画期的なアイデアが生まれた。

当時ＰＳ2につながるEyeToyというカメラが、欧州中心に爆発的に普及しつつあった。それを使って、実世界にあるカードに印刷されたCyberCodeを読み取り、そのカードに対応したモンスターをＡＲ技術で現実と合成して映し出そうというアイデアである。私がその話を最初に聞いた時、素晴らしいアイデアだと感嘆し、早速デモビデオの作成などを手伝わせてもらった。

しかし、そこからが難産であった。技術面についてはＴＰＯ初代メンバーの綾塚祐二、ビ

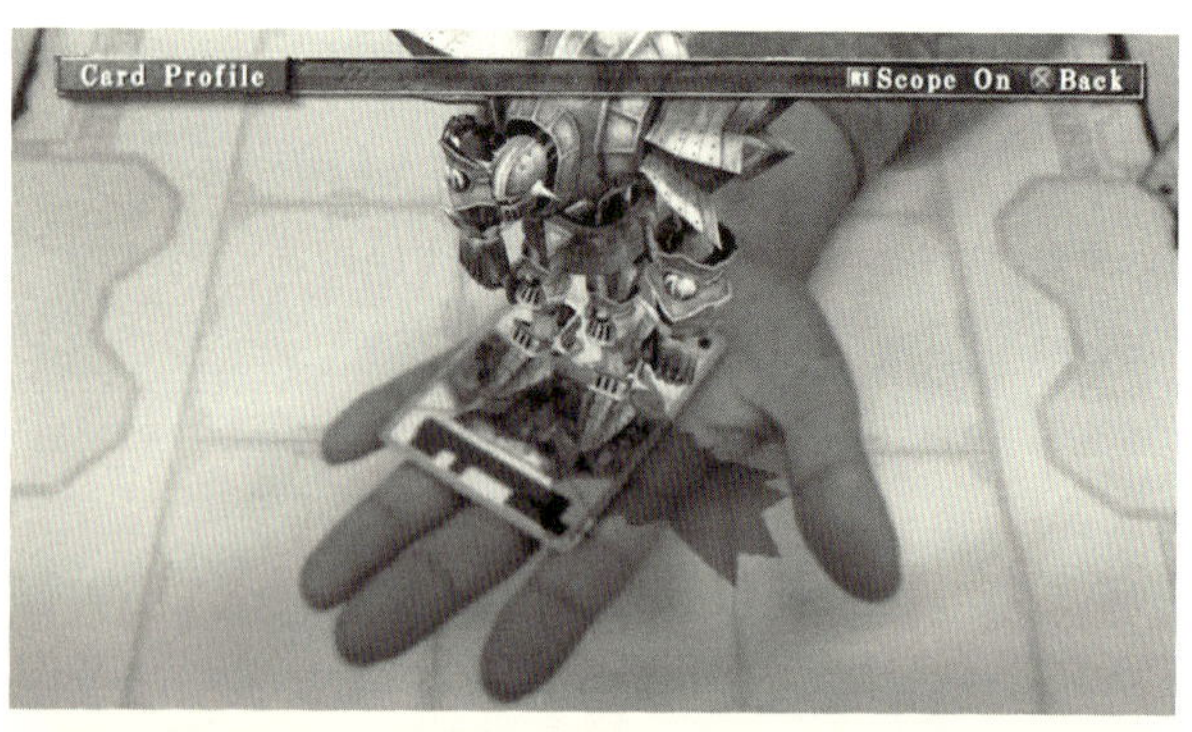

図 1–2　CyberCode を使った PlayStation™ ゲーム

（出所）THE EYE OF JUDGMENT™ ©2007 Sony Computer Entertainment Inc.

ジネス面は私が担当し、長く厳しいフォロー期間が始まった。ＳＣＥ側もさらに宮木和人エグゼクティブプロデューサー、渡辺祐介プロデューサーが加わり、実現までにどれだけ打ち合わせを行ったかしれない。

ゲームの制作にはとにかく時間がかかり、また途中で企画の変更などもたびたびあったため、最初の構想は二〇〇三年に生まれながら、実際にPlayStation 3（PS3）のタイトル「THE EYE OF JUDGMENT™」として発売されたのは二〇〇七年のことで、四年間もかかったことになる。また、当初の研究まで遡れば、実に一三年かかってこのゲームに結実したことになる（図**1-2**）。

このゲームは全世界で発売され、ＰＳ３の初期のユニークなタイトルとして欧州を中心によく売れた。また、未来を感じさせるタイトルとして、二〇〇六年の「日本ゲーム大賞フューチャー部門賞」を受賞している。さらに、このタイトルの発売時から、現在に続くＡＲブームが起きており、長年眠りについていたＡＲ技術がビジネスでも使える段階に入ったことを広く知らしめたゲームだと言える。

研究を、時間と空間を超えて実用化する

その後、ＡＲを使ったゲームはＰＳのジャンルの一つとして定着し、特に欧州を中心に継

続的にタイトルが発売されている。一方、もう一つの市場としてARを使った広告宣伝の分野が立ち上がった。これは、後述の「クウジット」を経由して、プロ野球や栄養ドリンク剤のプロモーションで活用されており、スマートフォンの普及と相まって、定番のアプリケーションとなっている（図**1**－**3**）。

この技術の発明者である暦本も言っているが、研究していた当時は、カードゲームとの融合などは全く考えていなかったそうだ。環境や時代の変化から、ゲームという想定していなかった窓が開いて、そこから実用化につなげることができたわけである（図**1**－**4**）。しかし、そういった想定しなかった窓を通り抜けるためには、忍耐強く、かつ忘れることなくチャンスを待ち、またいろいろな出口について試行錯誤を続ける必要がある。要は、研究を、時間と空間を超えて実用化に到達させる必要があり、これを担当するのが研究営業なのである。

ここで、こうした「研究営業」を実践するTPOとはどのような組織で、どのようにして生まれたのかを紹介しよう。

図 1-3　CyberCode を使ったスマートフォンによる広告

（注）「GnG」（Get and Go）は、クウジット株式会社が提供する AR マーケティングツールです。

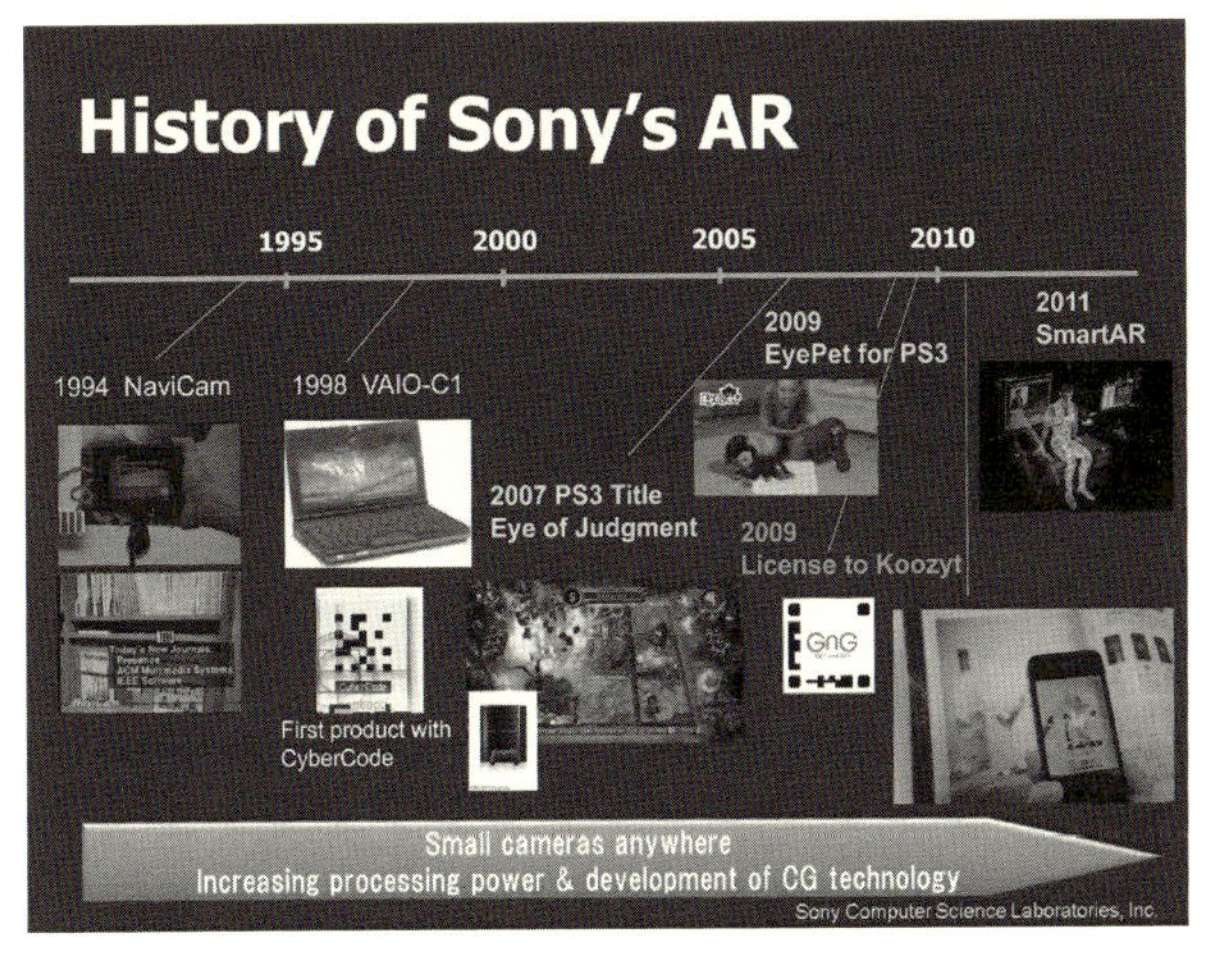

図 1-4　ソニーにおける AR の歴史

（出所）株式会社ソニーコンピュータサイエンス研究所

3　テクノロジープロモーションオフィス（TPO）とは

テクノロジープロモーションオフィス（TPO）は、ソニーCSLの東京オフィスの一角にある部屋で活動している。現在は、私、夏目哲と本條陽子と徳田佳一、そしてアドバイザーの吉村司の四名が在籍している。私たちは研究所の営業であり、活動の目的は、「研究の実用化」である。

研究所では、日々様々な研究が行われている。それらの研究は、今まで世の中にはなかった新しい技術や知見を生み出すものであるが、研究者が論文を出すだけでは、それらが実用化されて世の中の役に立つとは限らない。その研究成果を、商品やサービスの中に組み込んで社会実装していく必要がある。

そういった商品、サービスを扱っている事業部と研究所をつなぐ役割が「研究営業」なのである。私たちは、あの手この手で、研究成果を実用化するための活動を行っているのだ。

所ファウンダーとの運命的な出会い

きっかけは一九九八年まで遡る。私はソニー入社以来、生産管理、経営管理や輸出入法律業務、政府折衝など文系畑のキャリアを歩んできていたが、大学では理学部に在籍した理系学生で、新しい技術を使った新規事業立ち上げに参画したいという野心を常に心に秘めていた。しかし、なかなかそのチャンスは訪れず、当時担当していた政府折衝の仕事でシンガポールに赴任していた。

そんな中、たまたまソニー株式会社の技術系役員である所眞理雄がシンガポールに出張してきた。所は、シンガポールの国立研究所のアドバイザリーボード・メンバーであり、そのサポートに私が指名されて、二日間にわたりアテンドすることになった。

二日間の日程も無事終了し、所を空港へ送っていく車の中で、私は当時考えていた、バーチャルリアリティ（VR）技術による事業立ち上げに関わりたいという希望を打ち明けた。すると所は、「今、自分の下で仕込んでいるプロジェクトがあるが、まだ事業立ち上げには至っていないので、二年間待ちなさい」と答えた。

その後、私は日本に帰任し、ちょうど二年後の二〇〇〇年一〇月一一日（私の誕生日の前日）に所のもとを訪ねた。私は三五歳になる前に新しい事業に参画すべきだと考えており、その日が三四歳最後の日だった。所は二年前の発言は忘れていたようだったが、当時の発言どおり、一つのプロジェクトが事業化を迎えており、早速そのプロジェクトリーダーに会うよう指示してくれた。そして、翌一〇月一二日、つまり三五歳の誕生日当日、プロジェクトリーダーの吉村司との面談が実現した。

　吉村には、温めていた事業プランを一生懸命説明したのだが、後日聞いたらそれはあまり覚えておらず、とにかく三五歳の誕生日に会いに来たということに感激して、異動を即決してくれた。そして二〇〇一年一月一日、所が担当している本社研究所の中で、吉村が進めていた全方位映像制作事業FourthVIEWに参加した。

　FourthVIEWでの経験は、たいへんやりがいがあり、多くのことを学べた貴重なものだったが、残念ながら事業としての成功には至らなかった。また、一つの技術に絞って実用化を図ることの難しさも身にしみて体験することとなった。そこから、複数の技術についてタイミングをみて実用化を図る「研究の実用化サポート」が必要だという思いがぼんやりと生まれてきたのだが、当時の研究所の上司に話してみても、その考え方は理解されず、結果的に研究所での管理業務を渋々担当していた。

　そうしていたところ、しばらくして、ソニーコンピュータサイエンス研究所（ソニーCSL）で研究プロモーションをやらないかという話を吉村が持ってきてくれたので、一も二もなくそれに飛びついたのである。

4　「ぶっ飛んだ」研究者が集まるソニーCSL

「人類・社会、並びにソニーに貢献すること」を目指す「理想の研究所」

ソニーCSLはちょっと変わった研究所だ。通常、企業の研究所といえば、その企業の次世代の商品を研究開発していることが多いが、ソニーCSLは、「応用可能な基礎研究を通して、人類・社会、並びにソニーに貢献すること」をその目的として掲げており、ソニーへの貢献よりも先に、人類・社会への貢献を優先することを明言している。

その研究分野は、ユーザーインタフェースや人工知能など、ソニーに直接関係のある分野にとどまらず、生物学、脳科学、経済学、医療、農業など幅広い分野にわたっている。各研究者に対しては、目先の技術開発よりも、世の中を変えるような大きな成果が求められており、またそれを実現できそうな、ちょっとぶっ飛んだ、ある意味クレイジーな研究者が集まっている。

元をたどると、ソニーCSLは一九八〇年代にファウンダーである所眞理雄が思い描いた、「理想の研究所」を作ろうという構想が形になったものである。当初から、普通の企業研究所とは一線を画し、優秀な研究者が、自分の信じる本質的に重要な研究に取り組める環境を提供してきた。

そうしたソニーCSLのイメージをつかんでいただくために、ここで、現在のメンバーのうちの何人かのプロフィールを紹介しよう。

新たな研究分野を切り拓くシニアリサーチャーたち

現在の代表取締役社長の北野宏明は、もともとは人工知能の研究分野で大きな成果を上げた人物だ。一九九三年には、人工知能と音声翻訳システムの研究で、コンピュータ界のノーベル賞といわれる「コンピュータ・アンド・ソート・アワード」を受賞している。その後、数々のロボット研究にも関わり、ソニーのエンタテインメントロボット「AIBO」の生みの親の一人でもあり、また、当時北野が主導していたERATO（戦略的創造研究推進事業）北野共生システムプロジェクトからは、ZMP、フラワー・ロボティクスなど、現在のロボットブームを牽引する数々のロボットベンチャーが生まれている。

世界的なロボットコンテスト「ロボカップ」を構想したファウンダーの一人でもあり、「二〇五〇年、人型ロボットでワールドカップ・チャンピオンに勝つ」という目標を設定したことでも知られている。それだけロボットや人工知能での大きな成果を上げながら、一九九〇年代からは、生物学の分野に踏み込み、生物学に工学や情報科学の考え方を持ち込んだ新しい研究分野「システムバイオロジー」を提唱し、今や世界の研究の大きな流れとなっている。

副所長の暦本純一も、一九九〇年代から数々の先進的な研究を行っている、ヒューマンコンピュータインタラクション界の代表的研究者だ。例えば、前述した拡張現実感（AR）は現在、スマートフォンやタブレット、または眼鏡型ウェアラブルディスプレイなどでの代表的なアプリケーションになっていて、今まさにARブームと言われている。暦本は、一九九〇年代前半という今から二〇年以上も前に世界に先駆けてARの研究を行っており、「ARの父」と呼ばれている。また、最近のスマートフォンになくてはならない、複数の指を使う操作、マルチタッチについても重要な貢献をしている。現在は東京大学大学院情報学環教授とCSLの副所長を兼務している。

メディアでおなじみの茂木健一郎もCSLの研究員だ。茂木は、「クオリア」（感覚の持つ質感）をキーワードとして脳と心の関係を研究するとともに、「アハ体験」や様々な著作、テレビ出演などで、一般にも知られた脳科学者である。東京大学理学部、法学部卒業後、東京大学大学院、理化学研究所、ケンブリッジ大学を経てCSLの研究員になっている。脳科学と人間社会の幅広い分野の活動を結び付けた人物であり、脳科学というものを世の中に認知させた立役者と言える。

桜田一洋は、長年、生命科学の先端を走っている研究者だ。大学卒業後、協和発酵工業株式会社（当時）に入社し、創薬、再生医療研究に従事。その後二〇〇四年にドイツのシエーリング社により神戸に新設されたリサーチセンターのセンター長にヘッドハンティングされ、さらにバイエル社とシエーリング社の合併に伴い、バイエル・シエーリング・ファーマ（BSP）の日本研究部門統括、再生医療本部長、グローバル研究幹部会メンバーならびにバイエル薬品の執行役員・リサーチセンター長を務めるなど赫赫（かくかく）たる経歴を持っている。また、バイエル薬品ではヒトiPS細胞技術を開発したことでも有名だ。現在は、人の健康と生命の根源に迫る研究をしている。

高安秀樹は、東北大学の教授を経てソニーCSLに入った。名古屋大学で非線形物理学・統計物理学を勉強し、その学位論文が『フラクタル』（朝倉書店）という書籍にもなっている。その後、物理の視点からデータに基づく経済現象の解明を行う「経済物理学」という新しい研究分野を提唱し、経済学、物理学、統計学を横断的につないだ成果で、たいへん著名な研究者だ。

フランク・ニールセンは、フランス出身の天才数学者である。彼は、コンピュータビジョンや医用画像、機械学習の基礎ともいえる計算情報幾何学の革新的な枠組みに取り組んでいる。彼の探究する分野は、高次元でノイズが多く不均質な非ユークリッドなデータという、常人には近づけない世界で、ＣＳＬの中でも難解かつ専門性の高い分野だが、数多くの論文や著書を出し、インパクトを生み出し続けている。

彼らはいずれもシニアリサーチャーという、大学でいえば、教授や学部長に当たるクラスだが、ソニーＣＳＬには若手でもキラ星のごとく、有望な（かつ、ぶっ飛んだ）研究者が揃っている。

若手にも異才・天才が続々

アレクシー・アンドレは、流暢な日本語を操るフランス人で、フランスの大学で修士号を取得した後、東京工業大学でコンピュータサイエンスの博士号を取得。ソニーＣＳＬで、最先端のインタラクションやアート、ゲーム、そしてデザインを研究している。現在は、既存の確立されたテクノロジーと最先端のテクノロジーを組み合わせ、単なる娯楽ではない、人としての真の喜びと楽しさを提供する「未来の遊び」を探求することに注力している。

大和田茂は、ソニーCSLで最も変わった研究者である。東京大学で情報理工学の博士号を取得し、ソニーCSLに入った後も、3D画像用インタフェースや不可能物体のコンピュータグラフィック化などを手掛けながら、「ゼリープリンター」や「コミュニケーション・トイレ」など周囲が驚くサイドプロジェクトを次々に発表してきた。そして、今は「Kadecot」や「萌家電」といったプロジェクトで、スマートハウスや家電ネットワークにおける新しい価値を発信し続けている。

磯崎隆司は、熱力学的アプローチで統計学に革新をもたらそうとしている、統計学のエキスパートである。ちまたでブームになっているデータ相関をベースにしたビッグデータ分析の一歩も二歩も先を進み、データ因果をベースにしたデータサイエンスを追究している。究極的には、エントロピーという熱力学のコンセプトを統計学に持ち込み、新しい分野を開拓しようとしている。

ソニーCSLはパリにも分室を持っている（CSL Paris)。パリの所長は、フランソワ・パシェが務めている。彼は、人工知能分野における先端研究者であると同時に、音楽家でもあり、音楽の生成、分析について、先端人工知能技術と音楽が融合した様々な研究成果を生み出している。また、パリ分室では、言語理解や都市農業に関する研究も行っている。

ソニーCSLはこのように、東京とパリと合わせて研究者が三〇名弱という小さい研究所ながら、それぞれの分野での異才・天才が集まった多彩な顔を持つ研究所なのである。

5　スマートフォン・エクスペリアに見るソニーCSL発の技術

予測変換技術「POBox」、FEELがもとになった「ワンタッチ」機能

一方、ソニーCSLがすごいのは、こうした研究成果だけでなく、数多くの商品化、事業化事例で、研究成果を世の中に実現している点だ。世の中には、革新的な研究を行っていても、結局自前では実用化できない研究組織がたくさんある。しかし、ソニーCSLは、三〇数名（TPOや総務などの間接部隊を含む）という小さい所帯でそれを実現しているのだ。

例えば、ソニーの看板商品であるスマートフォン・エクスペリアを見てみよう。実は、エ

クスペリアの中には、CSLの研究成果が盛りだくさんなのだ（図1－5）。

まずは、POBox。元ソニーCSLの研究員であり、現在は慶應義塾大学教授の増井俊之がソニーCSL在籍中に発明した予測変換技術である。「あ」という文字を打ち込んだだけで、青山に住んでいる人は「青山」が、厚木に住んでいる人は「厚木」が入力候補に表示されるという、今やスマートフォンの文字入力にはなくてはならない機能だ。自分が確定した文字列は自分にとって重要な言葉なので、候補の上位に表示されるというたいへんシンプルなルールながら、使えば使うほど使いやすくなっていき、もう手放せないという人も多い。

増井は二〇〇〇年に当時のソニーの携帯電話事業部とともに、携帯電話au C406Sにこの技術を搭載した。その後ソニーエリクソン、そして現在のソニーモバイルコミュニケーションズ株式会社において、POBox Pro、POBox Touch、POBox Plusと、継続して技術開発が進められ、ソニーモバイル製スマートフォンに搭載され続けている。使いやすい文字入力の代名詞として、ソニーのスマートフォンの重要な機能の一つになっているだけでなく、タブレットやカメラなど他の多くの機器でも使われている（図1－6）。

次はワンタッチ。例えばスマートフォンをスピーカーにタッチすると、自動的にBluetoothが接続され、スマートフォンの音楽をスピーカーから流せるようになる技術だ（図1－7）。これは、暦本純一が二〇〇一年頃に研究していたFEELというプロジェクトが

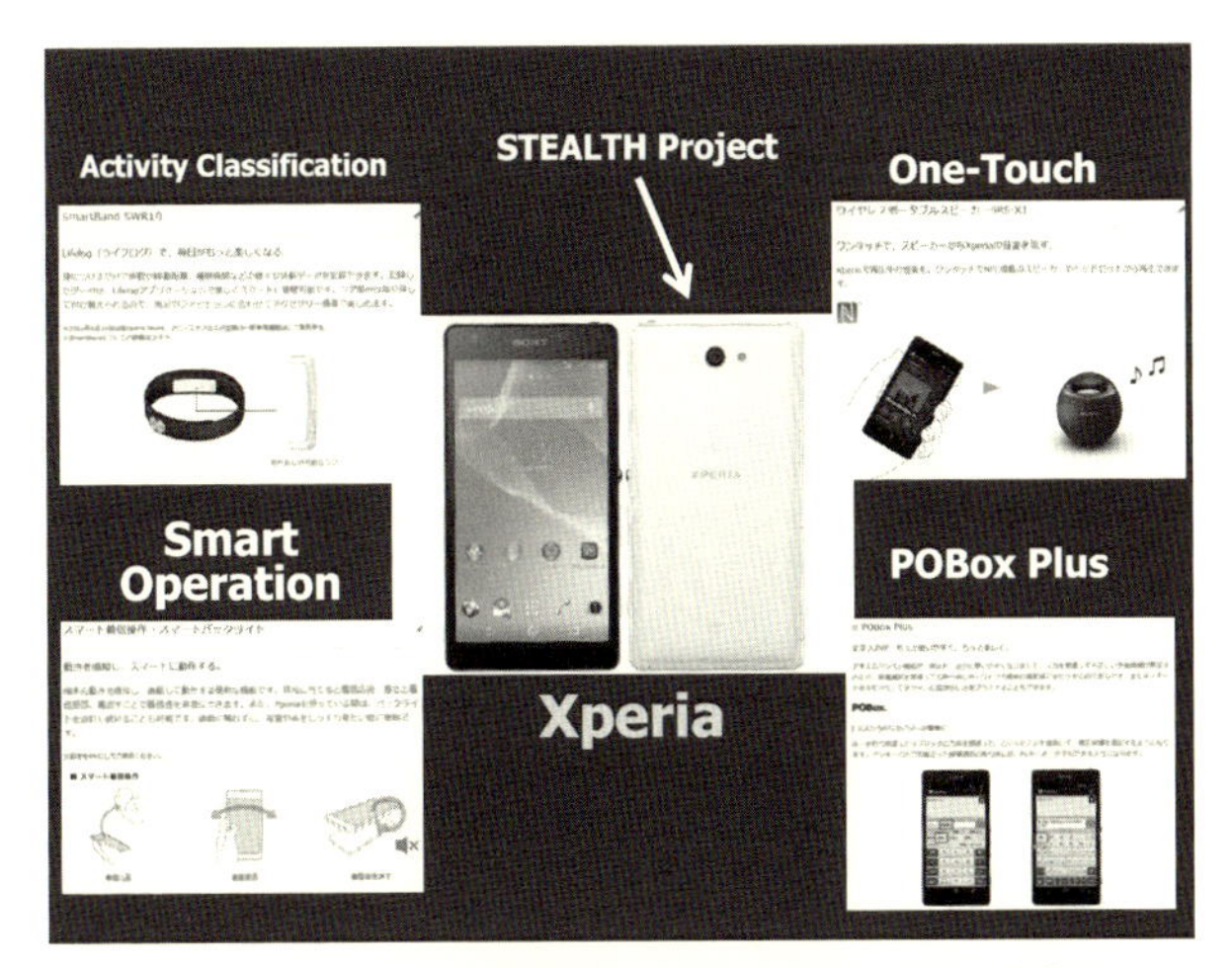

図 1–5　Xperia™ に搭載されている CSL 源流の技術群
（出所）ソニーモバイルコミュニケーションズ株式会社

図 1–6　予測変換技術 POBox
（出所）ソニーモバイルコミュニケーションズ株式会社

図1–7　ワンタッチ接続

（出所）ソニー株式会社

元になっている。暦本は、当時から無線機器が部屋にたくさんある中で、いかに直観的に簡単接続を行うかという現在の状況を見越した研究をいち早く行っていた。そこで、近接通信ＮＦＣ（FeliCaのように近づけた時だけ通信する技術）のような制約のある通信手段と、BluetoothやWi-Fiのような制約のない広帯域通信を組み合わせる仕組みを発明した。

まずは近接通信によって、ユーザーがどの機器とどの機器をつなぎたいのかという意図を汲み取り、セキュリティの鍵やＩＰアドレスを交換し、接続を確立した上で、その接続をWi-Fiなどの広帯域通信にコピーするというやり方だ。今や、スマートフォンを中心に、スピーカー、カメラ、ヘッドフォン、テレビなど、ソニー機器をつなぐメインの接続手段となっている。

また、この手法は、国際規格にも採用されており、多くのソニー以外の製品でも使われている。この技術の詳しい用途については、第2章第2節でも改めて紹介する。

ライフログ機能やジェスチャー自動認識の「Smart Operation」

さらに「走っている」「歩いている」「乗り物に乗っている」といったユーザーの状態を振動情報によって判定し、記録していくライフログ（LifeLog）機能もある。二〇一四年のCES（Consumer Electronics Show）において、スマートバンドとともに発表された機能だが、これもソニーCSLのブライアン・クラークソンの研究が元になっている。当初ブライアンが研究を始めた時には、リュックサック大のセンシング装置が必要だったのだが、今やスマートバンドとスマートフォンで解析ができるようになっている（図**1**－**8**）。

そして、最新の機能としては「Smart Operation」がある。ジェスチャーを自動認識する技術であり、端末が自動で最適な向きを判断するスマート画面回転、エクスペリアを耳元に運ぶと着信、振ると通話を拒否、画面を伏せると消音といったように、画面にタッチせずに電話に応答できるスマート着信操作などの機能が搭載されている。こういった機能は端末の動きによって生じる加速度変化を学習することで実現しているのだが、その学習アルゴリズムは、CSLパリのフランソワ・パシェが音楽解析用に開発したエンジンが元になっている。

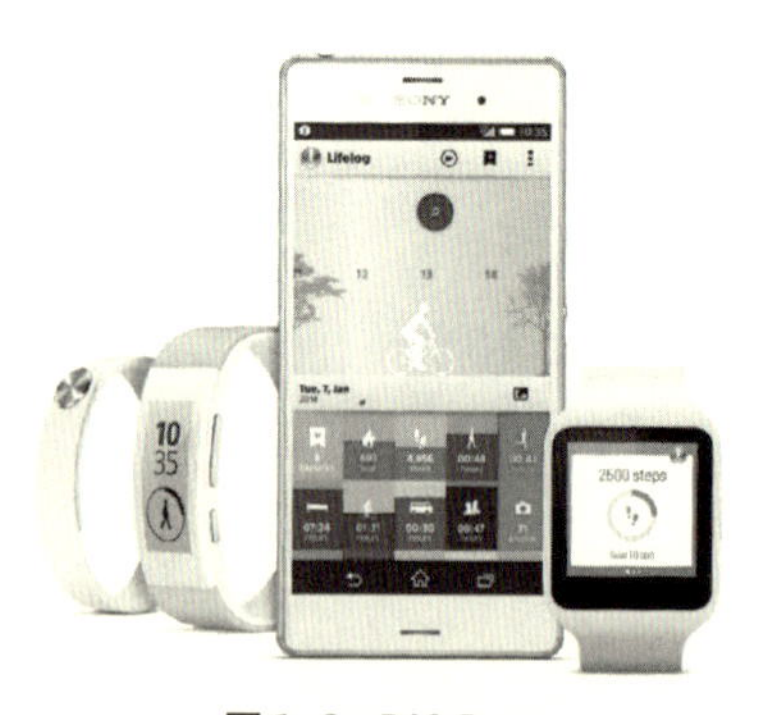

図1–8　LifeLog

（出所）ソニーモバイルコミュニケーションズ株式会社

ソニー内の他の開発部隊との違い

ソニーCSLの研究は、もちろんスマートフォンに関するものだけではない。PC、タブレット、ゲーム機、テレビ、カメラ、ウォークマンなど幅広いソニーの商品で実用化されている。また、CMOSイメージャー半導体の製造歩留り改善や工場での製品検査装置など、部品や製造工程に使われる技術としても実用化されている。

ソニーには、CSLの他に、次世代半導体や、電池の材料、画像圧縮や、顔認識ソフトなど、次世代の商品を開発している大部隊が存在する。それらは新規テーマであっても、既存商品の次世代を狙っており、またビジネス側からの「こういう研究をしてほしい」というVOC（Voice of Customer）も反映されているため、研究成果の行き先は、最初から想

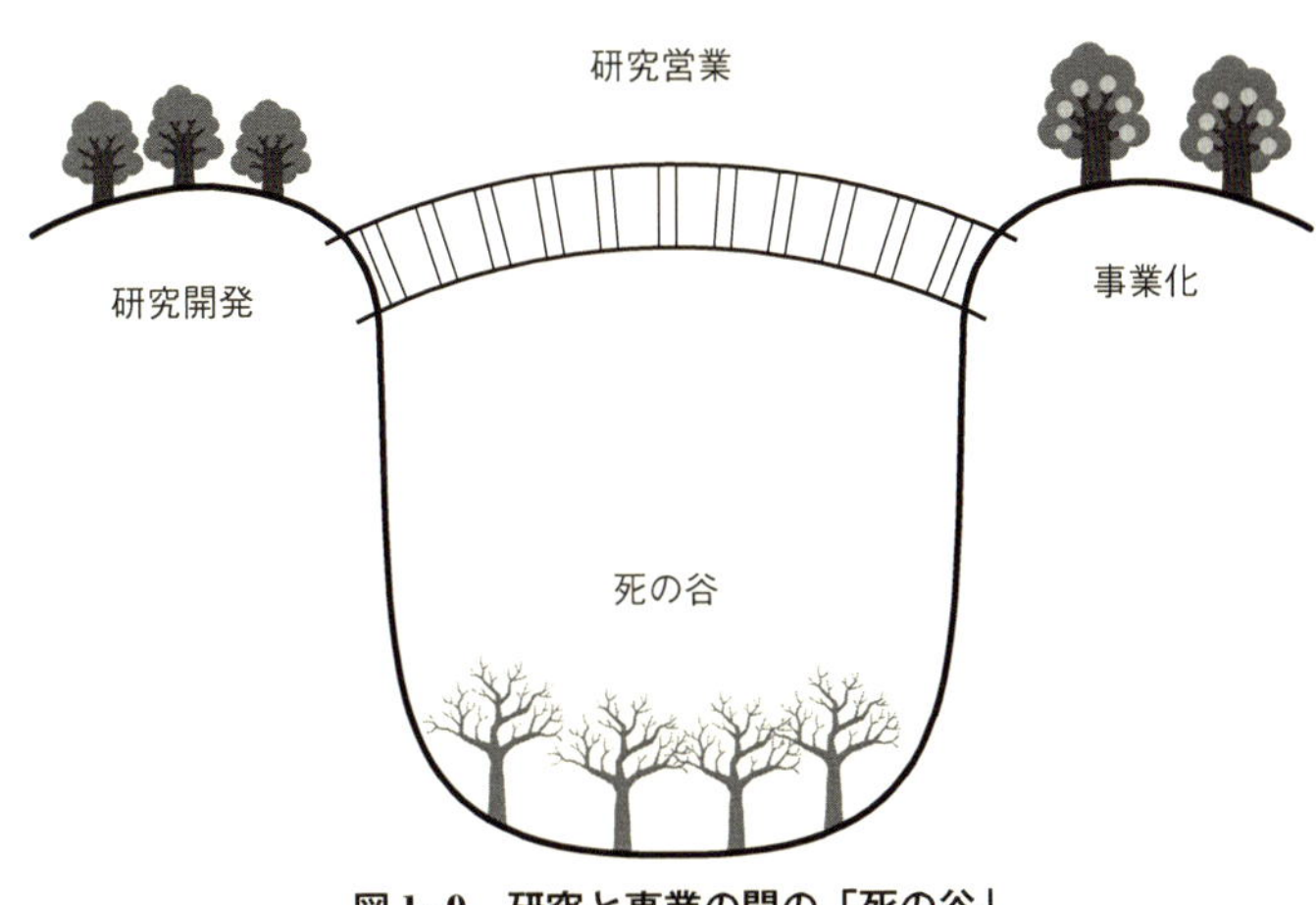

図1−9　研究と事業の間の「死の谷」

（出所）株式会社ソニーコンピュータサイエンス研究所

定されているわけである。

一方でソニーCSLでは、大成果を狙えるならば、テーマの選定の自由は研究者に与えられており、いわば研究者がやりたいテーマを追求している。その研究範囲は、ソニーの既存ビジネスをはるかに超える広さであり、またビジネス側が想像しないような新しい技術や領域に踏み込んでいる。

ビジネス側にしてみれば、頼んでもいない、また想像もしていない研究をしている部隊であり、少し前まで、自分たちのビジネスには関係のない存在だった。よって、ビジネス側とソニーCSLとの間のギャップは、他の研究部隊とは比べものにならないほど広く、おのずと、「死の谷」は深く険しい。

「死の谷」とは、**図1−9**にあるように、研究開発と事業化の間にあるギャップのことを指しており、技術経営の教科書ではよく知られている概念である。研究で成果を上げた論文を書いたとしても、それを実用化するためには事業部など実際のビジネスをやっている部隊が商品化に取り組み、世に出さなければならないが、多くの研究はビジネス側に取り上げられることもなく、闇から闇に葬られてしまう。だが、ここにこそ画期的商品のタネがあるのだ。そこで、第2章で改めて、そういった「死の谷」を私たちがどうやって越えていったかを紹介することとしたい。

6　社内で認知度が低かったソニーCSL

商品のどこにもソニーCSLの表示がない！

発足当時から、ソニーCSLは先端的な研究所として、世界的にも知られていた。それだけ対外的に名を轟かせているにもかかわらず、ソニーグループ内での知名度は今ひとつという状況だった。

CSLは理想の研究所として、先端的な研究者を各分野から採用して活動していた。しかしそれは、さながら〝町の商店街〟のような運営であった。すなわち、脳科学の研究者の居室の隣が経済学の研究者、その隣が生物学者というように、個人商店が並んだかのような体制であった。全体像を把握しているのは、所長、副所長といったマネジメントだけで、ソニーCSLで何が行われているかを知るためには、忙しい所長、副所長に聞くしかなかった。

一方、ソニー本社の製品事業部における通常の技術移管というのは、もともと同じ部署にいた元同僚のつながりや、夜の居酒屋での会話などから起きることも少なくない。しかし、ソニーCSLの研究者たちは、様々な大学や研究機関など社外から来ているメンバーが中心であったために、事業部とは、あまりに接点が少なく、事業部ではソニーCSLの研究をほとんど知らなかった。

もちろん、ソニーCSL側も何もしていなかったわけではない。例えば二年に一度開かれる研究所公開には、ソニーグループの社員も山のように押しかけ、押すな押すなの大盛況であった。また、ソニー本社で毎年行われる社内技術展示会にも出展し、その結果、ソニーCSLの研究に着目し、商品に取り入れようという意欲を持ったソニーのエンジニアも少なからずおり、その成果が実際に商品に搭載された技術もあった。

その一つの例が、「5」でとりあげたPOBoxだ（24ページ参照）。これは、革新的な文字入力技術としてソニーの携帯電話を代表する技術となっており、二〇〇四年当時、日本で発売されるすべてのソニー製携帯電話に搭載されていた。しかし、このPOBoxがソニーCS

Lの研究発であることを知っている人はかなり少なかった。もちろん、関係者は認識していたし、グループ内での表彰なども受けてはいたのだが、商品のどこにもソニーCSLの名前は入っていないし、またソニーCSLのホームページでも、一言も触れられていない。

POBoxは商標も取得していたが、ソニー株式会社の商標であるため、「POBoxはソニー株式会社の登録商標です」という注意書きが入っているだけで、どこにもソニーCSLのことは触れられていない。かくいう私ですら、ソニー製の携帯を使っていたにもかかわらず、ソニーCSLに異動してこの仕事をするまで、それがソニーCSLの研究成果であるとは全く知らなかった。

つまり、研究が実用化に進む接点がきわめて限られていた上、運よく実用化されても、ソニーCSLの研究成果であることは、世の中はおろか、社内ですら知られておらず、ソニーCSLに革新的かつ実用的な技術のタネがあるということが、全く認知されていなかったのである。

ソニーCSL側の研究スタイルの変化

また、ソニーCSL側での研究の変化も重要な要素だった。一九九〇年代のソニーCSLでは、例えばオペレーティングシステム（OS）「APERIOS」という研究を大々的に行って

図1-10　AIBO
（出所）ソニー株式会社

いた。これはオブジェクト指向型の新しいＯＳであったが、これをソニーＣＳＬで開発した研究部隊は、商品化をするために丸ごとソニー本社に移って、衛星放送受信機にこのＯＳを搭載した。エンタテインメントロボットＡＩＢＯもこのＯＳを採用した（図**1-10**）。

この部隊は、その後さらに、ゲームビジネスを行っているＳＣＥ（ソニー・コンピュータエンタテインメント）に移り、PlayStationのＯＳを開発している。

こういった、研究した部隊そのものが商品開発部隊に移っていくという形は、他社でも例が多く、特に、企業内研究所の方法論としては一般的である。しかし、すべての研究者が商品開発部門への異動を目指しているわけではない（特にソニーＣＳＬのように研究志向の強い研究所では、商品開発キャリアではなく、研究者キャリアを目指している人も多い）。例えばPOBoxのように、研究者は異動せず、技術だけを移管するというケースも出てくる中で、技術移管をいかに効果的に行うかが課題となっていたのである。

このような状況のため、ソニーCSLの幹部は、専門の研究プロモーション部隊を発足させ、事態を改善しようと考えていた。そういった研究所の状況と、本社で腐っていた私を吉村が結び付けてくれて、新しい組織がスタートすることになったのである。

7　TPOの発足

ミッションは「CSL研究成果の最大化」

こうして二〇〇四年八月一日、私はソニーCSLに異動し、新しくできたばかりのテクノロジープロモーションオフィス（TPO）の室長となった。メンバーは私と本活動に志願した佐々木貴宏の二名が専任となり、合わせてユーザーインタフェース研究者の綾塚祐二が兼務、吉村がアドバイザーとしてバックアップしてくれることになった。

新しい研究プロモーション部隊として、並々ならぬ熱意をもって発足したが、しょせん専任二名の小さい組織であり、進む方向を絞り込む必要がある。

そこで考えた結果、TPOとしてのミッションとアクション・プランを図**1-11**のように

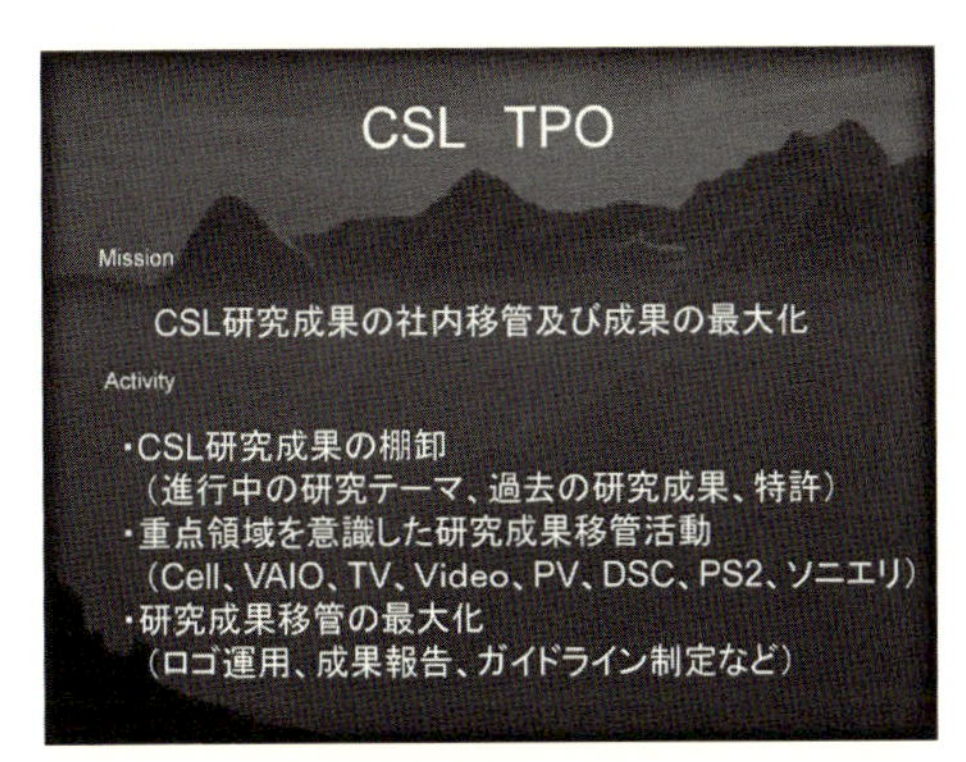

図1−11　2004年発足当時のTPOミッションステートメント

（出所）株式会社ソニーコンピュータサイエンス研究所

定めた。

実はTPOについては、ソニーCSL幹部からの期待は明確だったが、研究所内ではいろいろな解釈があり、便利な組織ができたから、あれもやってもらおう、これもやってもらおうという様々な依頼もきていた（例えば、学会に一緒に行き、発表しているところをビデオに撮ってほしいというような依頼もあった）。また、他の研究所にあるような所長スタッフ組織がなかったため、本社から様々な会議への出席依頼などもきていた。

これらすべてに対応していたら、専任二名の仕事などアッという間に埋まってしまい、本来やるべきことが達成できなくなってしまう。それゆえ、最初にTPOの活動内容を定義して、そのミッションを最優先で達成するという宣言をすることが必要だったのだ。

そこで、ミッションは「CSL研究成果の社内移管及び成果の最大化」とした。対象とするのはソニーCSLの研究成果のソニー社内移管であり、社外に売り歩く仕事ではないことを宣言した。

三つのアクション・プラン

アクション・プランとして、(1)研究成果の棚卸、(2)万遍なく営業をかけるのではなく重点領域（ゲーム機、携帯電話、コンピュータなど）に絞った営業活動、(3)研究成果の最大化――の三つを挙げた。

まず、一つ目の「研究成果の棚卸」とはどのようなものか。

TPOとして研究成果を売り歩く以上、研究内容を自分のものとして理解する必要がある。よく技術の売り込みを営業部員と研究者がチームで行っていることがあるが、それだけ研究者の時間を使っているわけで、本来であれば、営業部隊がある程度の内容まで単独で説明できるようになるべきだと思った。そのため、全研究者と定期的に十分な時間を取って個別ミーティングを持ち、まず私たちが研究内容を理解することに努めた。

二つ目は「重点領域への研究移管」である。

例えば、研究所の技術を商品に搭載する替わりにあれをやってくれ、これをやってくれと誘いがかかることがある。これは、自分の研究成果を実用化したいという研究者の熱意に付け込んで、リソースがない部隊が研究所の労力を当てにして、研究所を無料の下請けのように使っているのだ。実際に私は、そういう例をいくつかみてきた。

研究者としては、リソースのある部署だろうとない部署だろうと、自分の技術に興味を持ってくれる話に対しては、自分の研究の価値を高める話として必要以上に頑張ってしまったり、ビジネス化の例や成果としてしまうのだが、こういった無料下請け関係は、その場限りで大きな成果には結びつかない。よって、たとえ難易度が高くても、きちんとした成果を出すためには、重点領域をこちらで設定し、果敢に挑戦することが必要だと考えた。

三つ目は、「成果の最大化」だ。

POBoxの例でもみられるとおり、この技術がソニーCSL発であるということは、キチンと表示し、発信していくことが重要である。数少ない商品化の事例においても、せっかく研究成果を提供したのに、全く言及されないことに研究者は大きなフラストレーションをもっていた。しかし、事業部側は別に意図的にソニーCSLの名前を削ったわけではなく、何も言われていなかったから書かなかっただけなのだ（その証拠に、他社が提供している技術については、必ずクレジットが入っている）。

また、ソニーCSLの技術の提供先は、通常は事業部の開発部隊なのだが、実際にホームページや製品のクレジットについては、商品企画やマーケティングが担当している。さらに技術を提供してから実際に商品になるまでには、場合によっては二、三年の時間と複数の部署の伝言ゲームが発生するので、その間にソニーCSLのことが忘れられてしまうことも、起こりがちである。

したがって、どのようなクレジットをしてほしいかをソニーCSLの側で明確にし、長期にわたる商品化までを追跡し、また自身も発信していかなければ、ソニーCSLの技術が世の中に出たことを知らしめることはできないのである。そして、ソニーCSLの技術が実用化に役立てられていることが他の事業部にも知られれば、同様にソニーCSLの研究を自分の製品に使いたいというニーズも出てくるはずである。こういった仕事もTPOの取り組むべき重要な仕事だと定義した。

このような考えでスタートしたが、実際には、様々な壁にぶつかり、その都度、考え方を修正しながら今の仕事のスタイルにたどりつくまでに、紆余曲折を経てきた。また、これらの事例から様々な教訓を得て、自分たちがやっている仕事が「研究営業」なのだということを自覚していった。

それらの多くの、うまくいった事例、うまくいかなかった事例を、次章でいくつかケーススタディとして紹介したい。

第2章　技術移管の事例

1　VAIO Pocketでの手痛い経験

技術移転はほとんどがうまくいかない

うまくいかなかったプロジェクトは枚挙にいとまがない。正直言って、九九%の技術紹介が具体的なコラボにつながらず、残った数少ないコラボについても九九%は商品発売まではたどり着かない。成功確率は、私の経験では〇・〇一%、一万件の技術紹介を行って一件だ。たどり着かないケースも、その原因はまちまちである。

技術紹介の際は盛り上がるのだが、いざ技術移管しようとしても、他の件が忙しいと全然進まなくなってしまう。受け取ってもらったとしても、「そのうち使うから」と技術ストッ

図2–1　VAIO Pocket
（出所）ソニー株式会社

クに入ってしまい、使われないままになる。使ってもらって、プロトタイプまで進んでも、上司の判断で商品化されないことも起こりがちだ。対外的な発表までこぎつけても、参考出品の段階で終わってしまい、発売されない。まるでビー玉迷路のように、あらゆるところに落とし穴があり、ほとんどがゴールにはたどり着けない。でも、打率は低くても、打席に立たなければ成果はゼロなので、めげずに打席に立ち続けるしかないのである。

そういったハードルを乗り越えて、商品発売にたどり着いたとしても、まだ落とし穴が待っていた。その例を紹介しよう。

VAIO Pocketに実装されたPresense

VAIO Pocketは、ハードディスク搭載のミュージックプレイヤーである（図**2**-**1**）。これは、私がソニーCSLに異動する直前、二〇〇四年六月に発売された製品で、

G-senseというタッチパネルとスイッチを組み合わせたユーザーインタフェースを特徴としている。

実はこのG-senseというユーザーインタフェースは、暦本純一副所長の研究成果であるPresenseという技術を実装し、市場投入されたものだ。

G-senseは、デザイン的に目立つ部分でもあり、技術的にこの商品を最も特徴づけるものである。しかし、この商品には、取扱説明書にもウェブにも、どこにもソニーＣＳＬの記載も暦本副所長の名前の記載もない。また、当時の取材記事などでも、そうしたことには触れられておらず、外部の人がソニーＣＳＬの研究であることを知るすべは全くなかった。そればかりか、このG-senseという名称自体、暦本には知らされないままに元のPresenseという名称から変更されていたため、技術名称を調べても、暦本に行きつくことはないのである。

もちろん、別に事業部側に悪気があったわけではない。複数の部署を経ていくうちに、もともとソニーＣＳＬから来ている技術という情報は抜け落ちてしまい、マーケティングの観点から名前も変えられただけのことなのだが……。

しかし私たちは、ソニーＣＳＬ発の技術であるということがクレジットされることは、非常に重要だと考えていた。ＣＳＬ発の技術が商品で採用されているにもかかわらず、社内で認知度が低い理由の一つは、どこにもクレジットされておらず、事業部の関係者以外、ＣＳＬ発の技術であることを知る方法がなかったからだ。言ってみれば、汗水たらして働いて得たなけなしの給料を匿名で寄付した挙句、周りから「あの人ケチだね」と非難されているようなものだ。また、こうしたことが続くと、研究キャリアを歩んでいる研究者たちも、自分の時間を割いて商品化に協力しても意味がないと、モチベーションを失ってしまうことにもなる。

この発表に対する、暦本をはじめとした関係者のがっかり感は、ＴＰＯとしてヒシヒシと感じることができた。この商品自体が、非常に短期間で立ち上げられ、暦本にPresense技術の搭載について初めて依頼がきたのも、発売のわずか一年ほど前だったと聞いた。おそらくこの商品が実現するために、労力を惜しまずに協力したはずだ。にもかかわらず、このような結果を招いたことは、ＴＰＯ発足とほぼ同時だったこともあり、その後のＴＰＯに大きな教訓をもたらした。

ちなみにこの件の反省から、その後の技術移管の際には、最初にクレジットのお願いをするようにした。例えば、前述の「THE EYE OF JUDGMENT™」においては、ゲームタイトル画面や取扱説明書、パッケージなどに、ソニーＣＳＬや暦本、綾塚のクレジットを入れてもらうことができ、あるべき対応がほぼ実現できた。

2　画期的商品化は難しい

画期的なFEELのアイデア

次に、ＴＰＯとして、まさに壁にぶつかりながら実用化してきたＦＥＥＬについて紹介したい。

ＦＥＥＬは、機器間の簡単無線接続に関しての研究である（図**2－2**）。二〇〇〇年頃、暦本は、日常生活の中で無線機器があふれる世の中の到来を予想し、機器と機器を簡単に接続するＦＥＥＬという研究プロジェクトを進めていた。

Wi-Fiは数十メートルまで到達するので、部屋中にWi-Fiの機器がたくさんあると、どれとどれをつなぐかというのは、難しい問題になる。例えば、ある携帯電話とスピーカーをWi-Fiで接続したい場合、通常であれば、まず双方の機器の電源を入れ、携帯側に接続可能な機器のリストを表示し、その中からスピーカーを選択して接続するというたいへん手数の多いことをやらなくてはならない。しかし、携帯もスピーカーも目の前にあるのだから、も

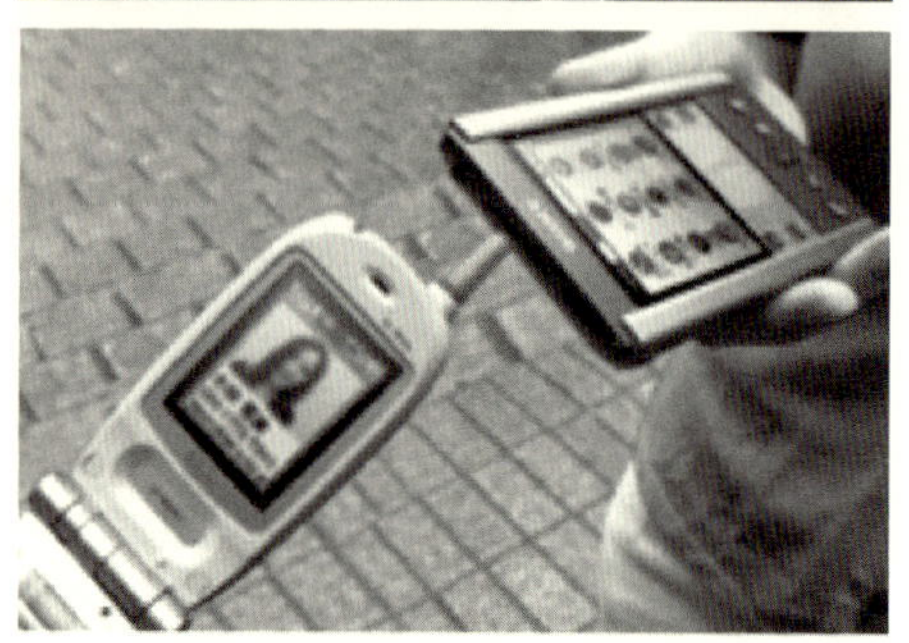

図 2–2　研究プロジェクト FEEL
（出所）株式会社ソニーコンピュータサイエンス研究所

っと直観的な簡単な接続方法があるはずである。

　そこでＦＥＥＬでは、制約のある通信手段と制約のない通信手段を組み合わせることにより、簡単接続を実現している。例えば、携帯とスピーカーを接続したい場合、接続したいもの同士を接触させる。そうすると双方の機器に内蔵されている近接通信ＮＦＣ（Near Field Communication：FeliCaのように数センチしか通信せず、接触した時だけ通信する制約のある通信

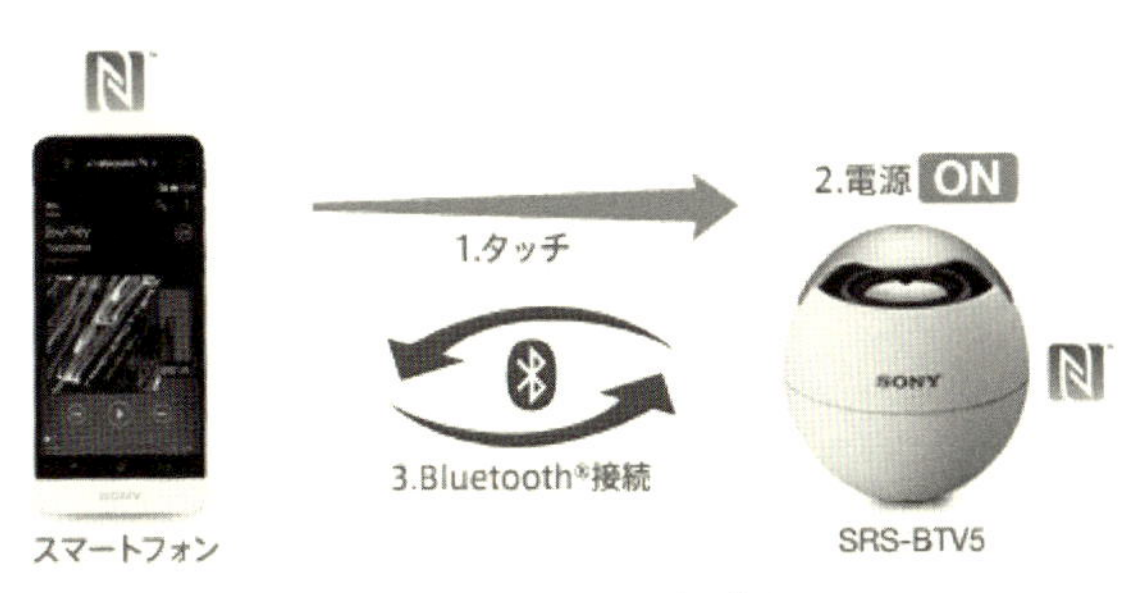

図2–3　FEELのしくみ

（出所）ソニー株式会社

手段）により、IPアドレスとセキュリティの鍵を交換し、接続を確立する。その接続を同じく双方の機器に内蔵されているWi-Fi（制約のない通信手段）での接続にコピーすることにより、タッチするだけでWi-Fiがつながるということが実現できる（図**2**–**3**）。

つまり、数センチしか届かないという近接通信を使って、ユーザーの意図（どの機器とどの機器を接続したい）を判別し、それを広帯域通信が可能なWi-Fiに引き継ぐことにより、ずっと接触していなくても通信がつながっているという状態を実現できるのである。ちなみにこの技術の重要な要素である、「確立した一つ目の無線通信を別の無線通信にコピーする」という発想は、所ファウンダーの発明であり、この技術の基盤特許の一つとなっている。

このアイデアは画期的なもので、暦本を中心にソニーCSLの研究者や本社のデザイナー、エンジニアも参画したプロジェクトとなり、実際にはプロトタイプとしてのIP

電話や接続できるモニター、ＰＣなども作られた。また、これが当時の本社プロジェクトにも取り上げられ、二〇〇一年のラスベガスでのＩＴの展示会「COMDEX」において、ソニーが行った基調講演の中でもデモを行い、大々的なデビューを飾った。

しかし、この技術を含む本社プロジェクトは、社内の政治的な理由によって中止となり、この技術も宙に浮いてしまった。本社では、プロジェクトの中止により、ＦＥＥＬも終わったと理解されていた。そんな中、私がソニーＣＳＬに異動してきて、ＴＰＯとしてその実用化を担当することになった。

テレビ会議システムとしての開発

いきなり社内政治の嵐にさらされたＦＥＥＬプロジェクトであったが、唯一ＦＥＥＬを用いたテレビ会議システムの開発だけが細々と続けられていた。発足したばかりのＴＰＯとしても、腕の見せ所ということで、この商品化にたいへん力を入れていた。そして二〇〇五年三月、いよいよこの商品が記者発表会で社外に発表されることになった。これはソニーＣＳＬの技術をアピールする絶好の機会と、私たちは意気込んだ。

ところが、事業部のマーケティングから、まず今回の出展は参考出品であり、商品化ではないということを言ってきた。まあ新しいコンセプトの商品だから、それも仕方がないと思ったが、その上で、さらにソニーＣＳＬの名前は出せないと言ってきたのだ。こちらとしては、技術移管のために、相当な手間もかけており、それは理解できないということでさんざん文句を言った。しかし、彼らとしては、「上の判断で参考出品することになったものの、実際に売るわけではないので、あまりこれに注目されては困る。だから、なるべく情報は出したくない」と言ってきた。

いろいろ交渉した結果、「説明の際に口頭でソニーＣＳＬのことに触れる」という妥協案になったが、結局、プロトタイプを取り上げたメディアでも、ソニーＣＳＬに言及した記事はなく、対外的にはソニーＣＳＬの名前は全く出ることはなかった。ＴＰＯとしては、完敗の結果だった。

その後、このプロトタイプは商品化が中止となり、テレビ会議システムとしての実用化は露と消えた。一方で、ＴＰＯとしては、技術移管の際に発表条件などをきちんと詰めていないとこのような結果になるという貴重な教訓を得た。

ちなみにこの事業部のマーケティング担当者とは、この件でかなり喧嘩をしたし、当時は険悪な関係になっていた。しかし、数年後に振り返って考えると、お互いの立場で真剣に仕事をしていたわけで、ある意味、戦友のように感じるようにもなり、たまに飲んだりするようになった。今では、非常に頼りになる友人の一人であり、仕事だけでなく、プライベートでも付き合う関係になっている。

NFC規格への取り組み

失意のTPOのもとに、新しい話がきた。FeliCa事業部を中心に策定が進んでいたNFC規格の中に、このFEELを提案したいという話が舞い込んできたのである。NFCは、いくつかの方式がある近接通信をまとめた規格で、交通や決済などのアプリケーションの他に、この簡単接続を規格に盛り込もうという話である。以前の本社プロジェクトの際には、ソニーの製品だけが簡単接続できるという構想だったのだが、こういった通信規格の場合、ソニー製品だけということはあり得ず、標準規格化して他社製品も含めて使えるようになることが望ましい。暦本をはじめ他のメンバーもこれに賛同し、実際の規格の書面づくりを行ったり、技術交渉の得意なメンバーが他社との交渉を行ったりと、かなり貢献した。

ただ、前回のテレビ会議の件で懲りていたので、まずはこの件に協力する前に覚書を交わした。この規格を用いた商品が社外発表される時には、ソニーCSLの名前を必ず入れるという取り決めである。この時点では、先方も「全く問題ない」ということで、同意してくれた。

こういった活動を経て、国際規格化は成功し、正式にNFCに組み込まれることになった。

FEEL接続携帯の登場と「覚書」をめぐってのやりとり

国際規格には入ったものの、なかなかこれを使った商品は出てこなかった。TPOとしては、多方面にこれを紹介し続けて、ソニーエリクソンなどからも興味を持たれていたが、接続をする以上、一つの商品だけでなく、多くの商品に入らないと利便性が発揮できないので、採用にはいま一歩至らない、という状態だった。

そうした中で、実は日本の携帯電話において、FEELのコンセプトを実装した「CROSS YOU」という規格が突然発表された（図2―4）。これは携帯電話と携帯電話とをつなぐNTTドコモが主導した通信規格で、様々なメーカーの端末が対応端末として発表された。私のところにも、関係者から「あれはFEELではないか」という問い合わせが相次いできたので、私はどういう経緯でCROSS YOUが出てきたのかを急ぎ聞きまわった。すると、NFCの規格化で協力したFeliCa事業部が、携帯キャリアに売り込んで実現したことが分かった。

しかし、発表前にはFeliCa事業部からの連絡は全くなく、明らかに覚書に違反している。いろいろ調べていくと、覚書を交わした人たちとは異なる若手の人が、粘り強い売り込みを

図2-4　CROSS YOU

（出所）ソニー株式会社

行って実現したということが分かった。ただ、異なる人間とはいえ、FeliCa事業部の人間であり、約束違反であることには変わりはない。

結局、その担当者や上司も含めてFeliCa事業部に対して厳重な抗議を行い、遅ればせながらも、ソニーCSLの技術が源流になっていることを、ウェブやその後の記事に反映してもらった。彼は覚書の存在を知らなかったが、ソニーCSLと事業部で約束していることは確認できたので、対応してもらうことができたのである。

この教訓として、「覚書の存在は重要だが、一方で、約束したから安心ということではない。数年たてば覚書の存在を知らない人が必ず出てくるので、継続して商品開発の行方をフォローすることは、非常に重要だ」ということを学んだ。

「ワンタッチ接続」の展開

CROSS YOUが世に出てからさらに数年が経ち、携帯はスマートフォン時代に突入していった。社内の開発情報をウォッチしている中で、FEEL接続を用いて、スマートフォンとスピーカーやカメラなどを接続する統一接続手段の開発が進んでいるという情報が入ってきた。最終的には二〇一二年の秋に発表されたのだが、半年前の二〇一二年の初めには、その情報をキャッチすることができた。

ただ、メインでこれを進めているのが本社の横断組織で、またしてもFEELの研究を知らない人間が中心になっているということが分かった。そこで、まずFEELという先行研究が存在することをアピールする必要があることを感じた。

FEELのような接続手段に関しての研究は、ある特定のデバイスやソフトウェアが実現しているのではなく、様々な機能の連携で実現しているコンセプトである。よって、商品開発側からしてみれば、商品の中に研究所からもらったソフトウェアが入っているわけではないため、研究所の技術が入っているという意識はない。

しかし、この方法に至るまでには、様々なプロトタイプについての試行錯誤があり、様々な工夫について研究されており、それを実現する特許も取られている。研究側の努力は並大抵のものではないのだ。

そこで認識をすり合わせるために、暦本を担ぎ出して、横断組織に対して一連の講演会を仕掛けることにした。研究段階で判明した知見のシェアということを前面に掲げたが、真の目的としては、ＦＥＥＬという先行研究の存在をアピールし、今進めているものがＦＥＥＬ接続を源流としていることを広く関係者に浸透させることだった。

その甲斐もあり、またCROSS YOUの時にひと悶着あったFeliCa事業部が協力してくれたこともあって、新しい接続手段がＦＥＥＬを元にしていることを、関係者に十分認知してもらうことができた。その後、この接続は、「ワンタッチ接続」と命名され、ＦＥＥＬの実現した形として、『日経エレクトロニクス』の記事などにも取り上げられるようになった（図**２−５**）。

実際に二〇〇〇年に研究を始めてから、二〇一二年にワンタッチ接続の形で商品化されるまでには一二年の年月を要している（図**２−６**）。二〇〇〇年当時には、現在ほどWi-Fi機器もなく、時代に先駆けた研究だったのだが、今やWi-FiだけでなくBluetoothなどの無線接続が部屋にあふれている時代になっており、なくてはならない技術になっている。

図 2–5　ワンタッチ接続

（出所）ソニー株式会社

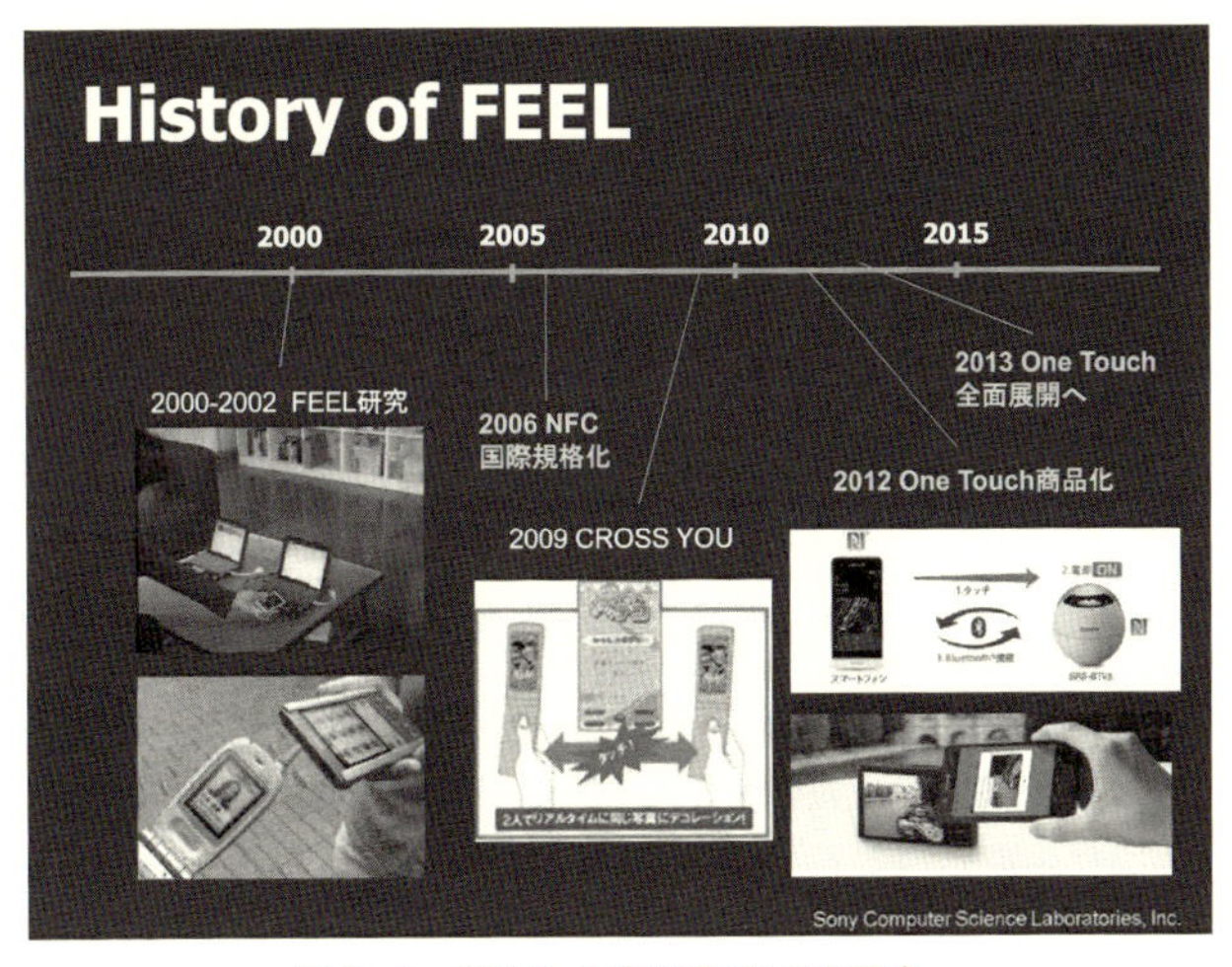

図 2–6　FEEL の実用化までの歴史

（出所）株式会社ソニーコンピュータサイエンス研究所

暦本のような研究者は、ドンドン先に進んでいくが、一方で研究営業はこの技術が世の中で必要とされるようになるタイミングまで、ある意味、地道に泥臭い試行錯誤を続ける必要がある。そして、いざ世の中に出ていく時には、以前の研究がどれだけ関係しているかをアピールし、つなぎ直していく必要があるのだ。

3 CSLパリの技術が予想外の展開

パリ発の音響解析技術EDS

続いてのケーススタディは、CSLパリの技術である。ソニーCSLにはパリに、五名ほどの所員が所属する小さな分室がある。ここは、言語や音楽について、先端的な研究成果を上げており、音楽研究の大家であるフランソワ・パシェが所長を務めている。パシェは、二〇〇〇年代初頭に遺伝的プログラミング技術を用いて、音響を解析するEDS（Extractor Discovery System）という技術を発明した。

これは、いわゆる機械学習技術で、例えばギターの音とピアノの音のようなサンプルをソフトに与えると、ギターとピアノを区別するアルゴリズムを自動的に生成するという技術である。ＴＰＯは、コンピュータの計算能力が向上していく中で、この技術は絶対に重要になると確信し（どういう活用が可能になるかはまだ不明だったが）、積極的にこの技術の移管を進めてきた。

東京での社内技術展示会にも出展し、さらにこの技術に関係のありそうな、オーディオ事業部、ＰＳや放送局機器事業部など、様々な部署にこの技術を紹介したが、興味は引くものの、商品化の具体的な話にはなかなか結びつかなかった。東京とパリという言語的、空間的な距離が問題なのではないかとも考え、ＰＳのロンドン部隊や、ドイツの研究部隊、スウェーデンの携帯部隊、はたまたアメリカのソニーミュージックやシカゴのソフト開発部隊まで、思いつくあらゆる開発組織に対してデモを行った。しかし、どこに売り込みをかけてもことごとく失敗するというありさまで、さすがに地道なＴＰＯとしても、かなり心が折れてしまった。

数年間かけてもうまくいかない中で、内容的に技術移管のハードルが高すぎ、無理ではないかと、当時の所長だった所の前で弱音を吐いたこともあったが、「夏目さん、これはタイミングの問題だから焦らずに続けるべきだよ」と励ましを受けて、何とか踏みとどまったほどだ。

本社の開発部門とWin-Winの関係を構築

そんな中で、システム研究開発本部にいるスーパーエンジニア小林由幸が唯一この技術について、コツコツと機能拡張をしてくれていることを知った。小林とその上司であった星野政明は、初期の段階でこの技術の可能性に注目してくれて、小林が一週間パリでパシェと共同作業をすることにより、この技術を日本に持ち帰っていたのだ。

そこで、ＴＰＯとしては、なかなかうまくいかないパリからの直接移管に見切りをつけ、小林をサポートすることによって技術を広げることに作戦を切り替えた。この時、小林は小林で、本社側の開発部門で孤軍奮闘している状態だったので、この技術を私たちＴＰＯがいろいろな事業部に紹介することはWin-Winの関係にあったのである。

私は、小林から新しいデモビデオを受け取り、方々で小林の開発を紹介し、興味を持った人には小林を紹介して、技術の移管に努めた。その成果もあって、小林の仕事は徐々に有名になり、さらに児嶋環が参加して、ソフトウェアも使いやすくパッケージ化され、格段に利用しやすくなって、広まっていった。

その後、この技術は、携帯電話、タブレット、ウォークマンなど様々な商品に貢献することになった。また、商品だけでなく、例えばブルーレイレコーダーの製造工程での製品画像検査機にも使われており、日本だけでなく、東南アジアの製造工場でも使われるようになっている。

最近の例では、27ページでも紹介したエクスペリアのSmart Operationという動き認識に使われている。今後もさらなる応用が広がっていくだろうと期待している。

このケースでの教訓は、音響解析というパリの音楽研究のために作られた技術が、画像解析、振動解析などに幅広く展開し、さらには東南アジアの工場における製品検査機という、当初は全く予想もしていなかったアプリケーションに広がっていったという驚異的な事実である。それを実現したのは、研究営業がこの技術の可能性に賭けてプロモーションしてきたこともあるが、小林というスーパーエンジニアが、元の技術を発展させて、ソニーの中で広げてくれたことが成功の鍵だったと思う。

いったん研究所を離れて他の組織に技術移管した研究であっても、その先での広がりに困っている場合もあるので、必要であれば引き続きフォローして、実用例を広げていくことが重要であることも学んだ。こういったフォローを私たちは「アフターサービス」と呼んでおり、移管先の部署と業務提携を行って、その後の開発を逐一モニターし、新しいデモビデオなどをもらうと同時に、研究営業が様々な事業部で行うデモに組み込んで、関心が示されればその部署につなぐという継続的な関係を築いている。

ソニーCSLのような個人商店型の研究を具体的な成果につなげるためには、社内の研究開発組織との連携が不可欠だ。この事例では、その一つの形を作り出すことができたと思っている。

4 異業種との連携

"変人" 研究員が開発した「萌家電」

ソニーCSLには、大和田茂という研究員がいる。ソニーCSLは、奇人・変人の多い研究所であるが、私見では最も変わった研究員が大和田だと思っている。

例えば、食べることができる3Dプリンターであるゼリープリンター（図**2-7**）、トイレの中にいる人と外の人がコミュニケーションができるコミュニケーション・トイレなど、常人ではとても思いつかないような研究を行って、皆をびっくりさせていた。

図2−7　ゼリープリンター
（出所）株式会社ソニーコンピュータサイエンス研究所

その彼が二〇一〇年のソニーCSLの研究所公開（社外の招待客にも公開している）において、「萌家電」という新しいコンセプトのデモを行った（図**2**－**8**）。これは、冷蔵庫、テレビ、エアコンのように、家庭内にある家電それぞれに対応する妖精がタブレット内に現れ、それらの妖精にタッチすると家電を制御できるだけでなく、妖精同士が勝手にコミュニケーションをして、家電を動かすというデモだった。

例えば、カメラの妖精がテレビの妖精に「自分の最近撮った写真を見てほしい」と話しかけ、（ユーザーがテレビを見ているにもかかわらず）勝手にテレビで写真のスライドショーを始めてしまうという一見、迷惑とも思えるシステムだった。

ところが、このデモを見た来場者の一人が、「日本のスマートグリッドに足りないのはこれだ！」とたいへん

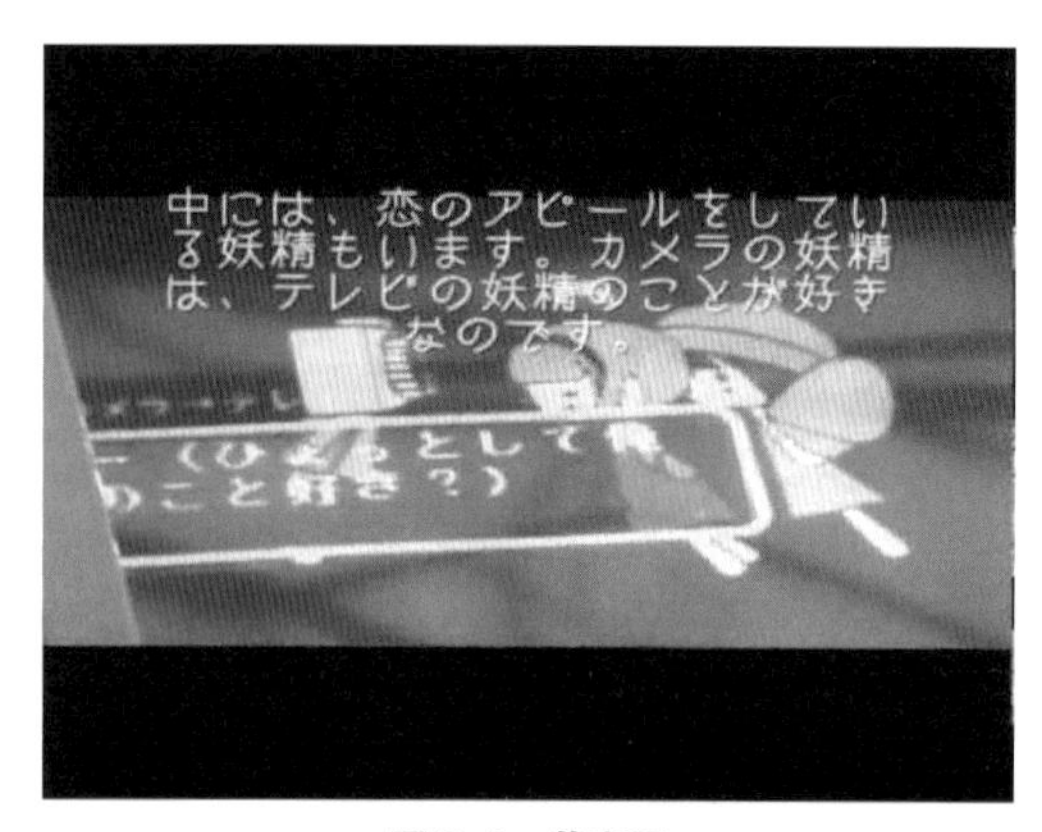

図2-8　萌家電

（出所）株式会社ソニーコンピュータサイエンス研究所

強い関心を示したのである。彼は、スマートグリッド業界のキーパーソンであり、彼の紹介で、大和ハウス工業株式会社の方々を紹介していただいた。実は大和ハウス側は、スマートハウスというすべての家電がホームサーバーにつながっている実験住宅を作っていたが、その環境を使ったアプリケーションに悩んでいるところだったのだ。

大和ハウスとの折衝や社内調整に奔走

ＴＰＯとしては、初の本格的な社外連携案件ということもあり、これを実現するために、大和ハウス側との折衝や社内調整に奔走することとなった。

しかし実は、最も大変だったのは、大和ハウスとの折衝ではなく、「萌家電」というテイストに対して、強い拒否感を示す人たちが社内にいたこ

図2-9　大和ハウスとの共同プロジェクト「萌家電」
（出所）株式会社ソニーコンピュータサイエンス研究所

とだった。つまり、「ソニー」というイメージと「萌え」というイメージは相いれないという考え方である（さらに言えば、「萌え」コンテンツは嫌いだということでもある）。これは理屈ではなく、テイストの問題なので、説得にはたいへん苦労した。

　また反対している部署との交渉だけではなく、関連している製品事業部のマネジメントへの事前説明、担当役員への報告などなど、果てしのない説得と説明を続けたところ、その甲斐あって、二〇一一年七月、都内・水道橋の大和ハウスの施設において、大和ハウスとソニーCSLの共同プロジェクトとして、プレスコンファレンスと公開実験を開催することができ、メディアにも大きく取り上げられる結果になった（図**2**-**9**）。

　この件をきっかけに、大和田は、ネットワーク家電での新しい試みをする人として有名になり、多くの企業からコラボの希望が殺到する結果になっている。

一方で、ＴＰＯの得た教訓としては、この案件で大和ハウスとの緊密なコンタクトを行ったことから、異業種の企業とコラボをすることにより、全く新しい可能性が開けることを学んだ。例えば、大和ハウスにとっては、家を建てたり、壁に穴をあけたりすることは朝飯前だ（本業だから当然だ）。しかし、コンピュータソフトを開発することは得意ではない。私たちは逆で、コンピュータソフトで新しい機能を実現することは得意だが、家を建てることはできない。この両者がコラボをすることにより、コンピュータソフトによって新しい機能を備えた家のような、全く新しい商品を構想することができるのである。

大和ハウスとは、その後、他の研究者も共同研究を開始するなど、その関係は継続し、今ではソニーＣＳＬの重要なオープン・イノベーション・パートナーとなっている。

5　女子高生ユーザーを巻き込んだ商品化

ガラケー画面の限界を超える画期的なアプリケーション

12Pixelsは、携帯電話（ガラケー）でピクセルアートを作成するインタフェース技術である。

携帯電話は、非常に限られたインタフェースのため、通常は、思いどおりの絵を描くことが困難だ。それに対して、12Pixelsを用いると、非常にシンプルな仕組みでピクセルアートを作成することができる。一般に、携帯電話には１２３４５６７８９＊０＃という一二個のキーが３×４の配列で配置されている。これを画面上の一二個のピクセルに対応させるのが12Pixelsの基本的な考え方だ。

まず、一番大きな階層では、携帯の画面全体を一二個の大きなピクセル（pixel）に分割し、対応するボタンを押すことで、そのピクセルが白から黒に変わる仕組みになっている。ただ、これでは非常に粗い絵しかできないので、ジョイスティックキー（方向キーの真ん中）を押すことで、もっと小さい階層に移って、方向キーでカバーする領域を動かし、その中で対応するピクセルを変えることができるので、細かい絵も描けるようになる（図**2‐10**）。

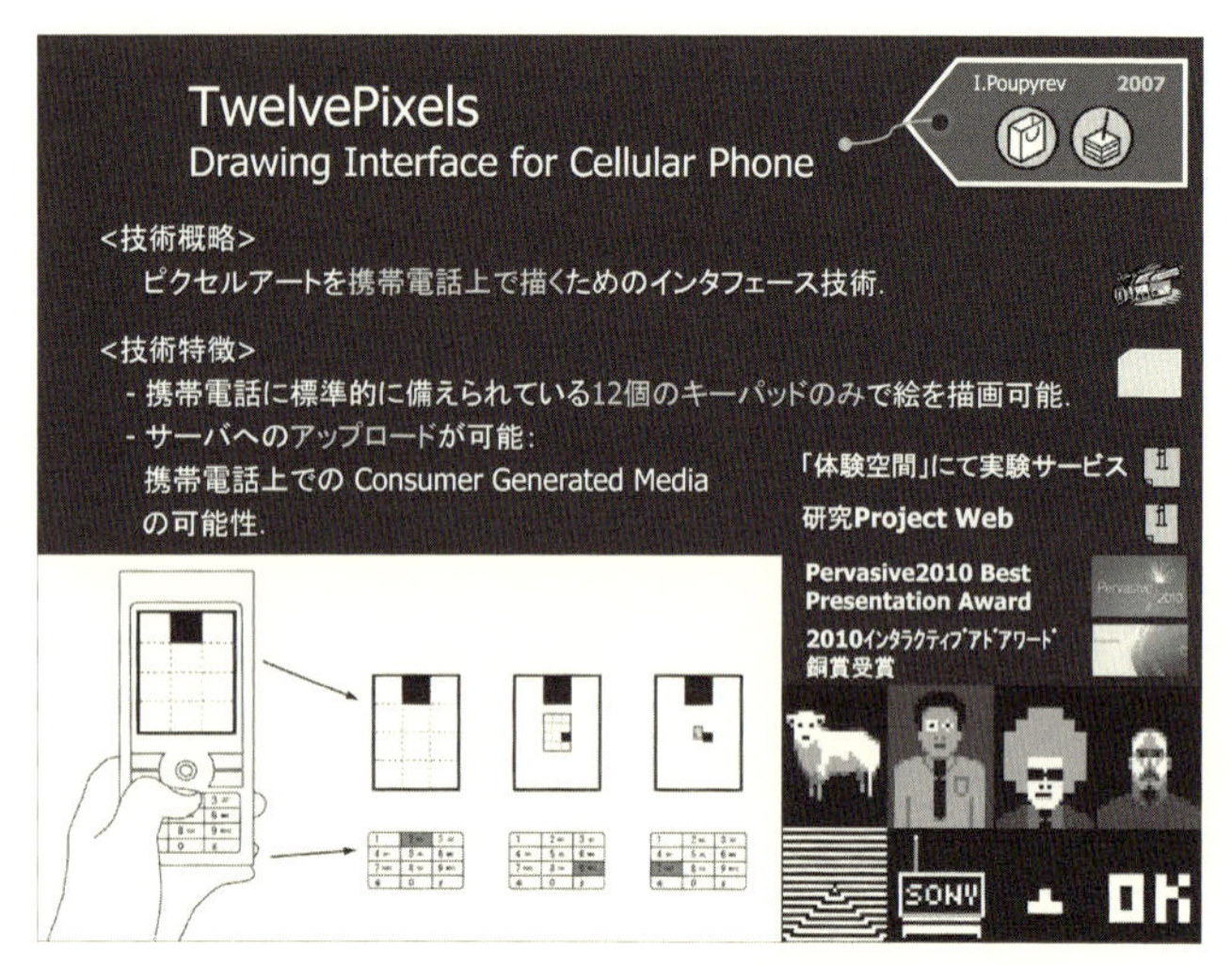

図 2–10　12Pixels 技術説明資料

（出所）株式会社ソニーコンピュータサイエンス研究所

この技術は、ソニーＣＳＬのイワン・プピレフとカール・ウィリスが二〇〇七年に開発したソフトウェアである。

当時は、まだスマートフォンが一般的ではなく、いわゆるガラケー（ガラパゴス携帯）が主流だった。その中で簡単にピクセルアートが作れる仕組みは画期的だった。ただ、いろいろな事業部に紹介を始めたところ、これで絵が描けますといったところで、他にも「お絵かきアプリ」は存在していたので、これが素晴らしいことを説得するのは難しかった。

そこで、実際の携帯電話で動作するアプリを実験配布することにした。これはソニーＣＳＬとしては初めての試みだったが、研究者も乗り気で、ドコモ、a u、ソフトバンクのアプリを開発し、また様々な端末での検証も行った。これを、ソニーCSLのホームページで公開したのだが、そこではアクセスが限られてしまうので、ソニーマーケティングとコラボすることで、開発中のアプリをベータ版で試せる「体験空間」というページに掲載してもらうことになった。

同時にユーザーの投稿をアップロードできるギャラリーを開設したのだが、そこにアップされてくる作品は、今ひとつ固い感じだった。というのも、「体験空間」というのは、ソニーファンがメインのサイトであり、このアプリを最も活用してくれるだろうと期待した女子高生などは出入りしていないサイトだったのである。

女子高生が三万点超の作品を投稿、公開実験の有用性を確認

そんな中、たまたまプリクラビジネスに関連している人と知り合いになり、このアプリを紹介したらたいへん盛り上がり、プリクラ会社がやっているメールマガジンで紹介してもらえることになった（その代わりに、ソニーミュージックの知り合いを彼に紹介するというバーターだった）。すると、そこから女子高生への普及に火が付き、ギャラリーの画像も全く異なるテイストに変わっていった。

例えば、彼氏と自分の名前で作ったサインや、マクドナルドやケンタッキーのサイン、ア

イドルの似顔絵など、明らかにそれまでにないものが出てきたのだ。さらに、作品数もうなぎのぼりに増え、三万点を超える作品が集まってきた（図2－11）。作品はローカルに保存することもできたので、実際にはこの一〇倍くらいの作品が作られていたと思う。この盛り上がりは予想外だった。

この結果も受けて、再度、スウェーデンのソニーエリクソンの携帯事業部において、このアプリを紹介したところ、「これは面白いので（少し前まで「面白くない」と言っていたのに！）ぜひこれをグローバル携帯の一機能として発売しよう」ということになった。

そして、四〇カ国以上で発売されたグローバル携帯電話Cedar™に搭載、欧州、米州、中東、アフリカ、インド、中国など幅広い地域で発売され、多数のユーザーに使ってもらうことができた（図2－12）。

残念ながら、その後ソニーエリクソンは全機種をスマートフォン化したため、現在では使われていないが、当時これだけ幅広いマーケットにリーチできたのは、一つの成功事例だと考えている。また、研究者は、集まったコンテンツの分析も含めて論文にまとめたところ、Pervasive2010という国際学会で「Best Presentation Award」も受けることができ、学術的な意味もたいへん高かったと思う。

図2-11　12Pixelsによりギャラリーに集まった作品

（出所）株式会社ソニーコンピュータサイエンス研究所

図2–12　12Pixelsを搭載したGlobal携帯Cedar™

（出所）ソニーモバイルコミュニケーションズ株式会社／株式会社ソニーコンピュータサイエンス研究所

この件の教訓は何だろうか。研究所としては、技術を開発して、近くにいる人に試してもらうだけでやめていたら、このような結果にはならなかったが、それを公開し、またユーザーの反応も集めて提示することによって、実際の商品搭載に結び付けることができた。したがって、公開実験をすることが、これからの研究所にとっては非常に重要であると強く感じた。そこで、そういった公開実験を行う場として、「Online Experiments」というコーナーをソニーＣＳＬのホームページ上に設け、その後はいろいろな研究で活用するようにしている。

今でこそ、ベータ版という形でいち

早く公開し、ユーザーの反応を見ながら開発していく手法がいろいろ出てきているが、それが研究所にとっても重要であることを示した好例だと思う。

第3章　研究営業のさらなる挑戦

通常、研究所で行われる研究のビジネスへの貢献としては、新技術が商品に採用されるというパスを想像するだろう。しかし、それに限らず、様々なパターンの貢献がありうるということをこれまでの研究営業の中で学んできた。本章では、そういった新商品開発への貢献以外の例を紹介したい。

1　「経済物理学」を半導体製造改善に

「経済物理学」が応用できる分野はどこか

ソニーCSLの中には、大きく分けてシステム系研究と理論系研究があり、前述の

CyberCodeなどの工学的研究はシステム系研究に属しているのに対して、統計学、生物学、脳科学、経済物理学などの分野は、理論系研究に属している。

一〇年前にＴＰＯを始めるとき、信頼している先輩に相談したら、「システム研究については、ある程度ビジネス貢献が想像できるが、理論研究については、ビジネス貢献は無理だろう」と言われたことをよく覚えている。

私自身、これらの分野のビジネス貢献は簡単ではないと感じていたが、かといって諦めるわけではなく、内容を吟味するとともに、いろいろな方法でビジネス貢献を考えていた。

ソニーＣＳＬでの理論系研究の一つの柱となっている「経済物理学」は、高安秀樹シニアリサーチャーが取り組んでいるテーマだ（**図3－1**）。物理学や統計学の最先端の手法を、経済現象に適用して、為替の変動や、取引関係のネットワーク分析など、経済現象に潜む物理的な特性に迫るものである。例えば、為替の変動を考えると、数多くの為替ディーラーたちが、様々な情報を駆使して売り買いを行い、その結果、為替市場の価格が変動する。そのとき、全体としての為替変動の中には物理現象にみられるような特性が存在するというのが、経済物理学が明らかにしている新しい知見である。

この研究は、膨大なデータを様々な手法で処理することにより法則性などを明らかにしていくというアプローチであり、高安の口癖は、「たくさんのデータがほしい」というものだ

図 3-1　高安秀樹『経済物理学の発見』
（光文社）

った。高安自身は、日銀や金融関係にも人脈を持っていたが、ぜひソニーの中でも高安の手法を広めたいと考え、策を練り始めた。

素直な発想として、金融関係がメインである以上、例えば財務部門などがいいのではと考えたが、実際、アプローチしてみると、為替取引を行うとしても、事業の中で必要最小限の為替予約などはするものの、銀行や金融機関のような大規模な取引を行っているわけではないので、特に高安の手法を生かせる場面を見つけることはできなかった。

そこで、発想を変えて、金融関係に限らず、大量のデータを処理しなければならない業務は何なのかと考えて、新たなアプローチを開始した。例えば、販売データや資材購買などが考えられたが、たまたま社内の技術展示会でのコメントの中に、「半導体の製造工程では多量のデータがとられており、その処理が大変だ」という話があって、半導体製造工程も一つのターゲットだと意識するようになった。

半導体事業本部との異色の取り組み

その後、半導体事業本部の綱川豊廣と運命的な出会いをすることになった。綱川は、もともとある半導体について吉村と話をして、吉村がそれを私につないでくれた。その場では、高安の話は全く出なかったが、そこで綱川と私のつながりができ、後日、綱川と私とで、高安の研究を半導体製造に使おうという企画が生まれたのである。実は綱川も、半導体製造工程の観点から高安の研究には目をつけていたようだった。

そこで、彼と一緒に、高安の手法を半導体製造工程のデータ分析に適用すべく、ソニーCSLと半導体事業本部それぞれのマネジメントへの働きかけを開始した。しかし、ソニーCSLの基礎研究と半導体製造工程の組み合わせは奇異でもあり、またお互いの文化も異なることから、双方のマネジメントに対する説得には苦労した。

今でも忘れられないが、これにソニーCSLとして取り組むかどうかについて、当時、社長であった所、副所長の北野、高安シニアリサーチャーと私で打ち合わせをしたことがあった。私と高安はこれを仕込んできた側であったので、半導体と一緒にプロジェクトを行う意義を説明したのだが、所、北野からは、「こちらには半導体の知識がなく、成果を出すのは難しいのではないか」「生半可な心構えで取り組めば、大やけどをするのではないか」と大反対された。しかし、高安と私で「どうしてもやりたい」と食い下がり、結果的には、「やる以上は、本気で取り組まないと成果は出ない。Just Do It!」と認めてもらって仕事を始めることができた。

こうして、双方のマネジメントからゴーサインが出て、綱川が事務局となって、毎週、高安と九州の半導体製造現場とをテレビ会議で結んで活動を行うことになった。

半導体工場はデータの宝庫だ。データ解析は、半導体製造の歩留りに直結しており、その改善は工場の損益にも直結している。高安は、経済物理学で使われている最先端の統計手法を持ち込み、半導体事業部や工場のチームとともにデータを解析することで歩留りを改善していった。また、高安はもともと物理学の教授だったこともあり、その不良は何が原因になっているか、観測データを元に徹底的に追究する姿勢を持っていることも重要な要素だった。

その結果、高安、綱川、九州の半導体工場の現場メンバーの尽力もあって、二〇〇五年のスタートから一年後、半導体製造工程の歩留り改善という形で、大きな成果を上げるに至った。そして、それまでこの活動に懐疑的だった人たちも、結果に納得するようになっていったのである。

最も利益貢献が明確なプロジェクトに

それからすでに九年が経過したが、毎週のテレビ会議は現在も続いており、最近では、熊本の製造工程管理システムにアルゴリズムとして組み込まれ、継続的に成果を収穫する段階に入っている。これは、基礎研究のビジネス成果として確実に形をなしている。

この活動は、分析結果を改善に結び付けることにより、直接的に利益貢献を達成することが可能なことを示した。今ではソニーCSLの中でも、最も利益貢献の明確なプロジェクトの一つと評価されている。

大きな組織の中では、一人ひとりの会社内での視野は驚くほど狭い。同じ組織の中、もしくは研究所同士であれば、組織内のイベントなどで偶然に出会うこともあるだろう。また、近い組織同士であれば、これとこれを組み合わせてというコラボレーションも自然発生しやすい。一方、研究所と製造現場のような業務的に離れた組織の人間同士は、日常的に出会うことはほとんど皆無である。

しかし、その研究に最も適した出口は、実は会社の中の全く違うところに潜在的に存在しているのかもしれない。

この案件では、研究者と製造工場のような普通なら接点がないところでもつながりを実現できるような幅広いネットワークを普段から持つことが、研究営業としてはたいへん重要だという教訓を得た。「あそこは関係ない組織だ」と最初から排除してしまうのではなく、「何かのつながりがあるかも」と日頃から継続的に人脈を広げていく努力をしなければならないのである。

2　サイエンスコンテンツという新しい研究実用化

茂木健一郎が広めた「アハ体験」とセガからのオファー

次に茂木健一郎と進めた「アハ体験プロジェクト」を紹介したい。ご存知のように茂木は、ソニーCSL所属の研究員の中でも、最も知名度が高く、脳科学の研究をしながら、テレビ出演や文筆活動などを積極的にこなしている。よく、社内の人にも、「あんなに忙しくて、ちゃんと研究できるんですかね」と半ば懐疑的にコメントされることがあるが、私が見るに、茂木は常人の一〇倍は仕事をしている。よって、それを研究、文筆活動、テレビ出演に割り振っても、それぞれ常人の三倍以上のパフォーマンスは上げており、またそれぞれに対する集中度はすばらしく、やはり、この人は天才だと思ってしまう。

そんな茂木が世の中に広めた言葉に「アハ体験」というものがある。テレビでもよく見かけるコンテンツで、「一部がじわじわ変わっていき、最初と最後ではかなり変化しているのに、なかなか気づかない」というものである。これは、もともと「ひらめき」を人工的にひき起こすために作られたもので、脳科学では以前から使われていたコンテンツだが、茂木がテレビ番組で紹介して、一気に日本中に広まった。

「ひらめき」といえば、例えば、ニュートンがリンゴが落ちるのを見て重力を思いついたというのも「ひらめき」だが、こういった「ひらめき」はいつ訪れるかわからないし、制御することもできない。そこで、一五秒ほどの画像の中に変化点を入れ、どこが変化しているかに注目し、それを繰り返し見ることによって、「ひらめき」が起こることを観察するようにしたコンテンツが、アハ体験なのである。ただ、脳科学的な意味よりも、今までに見たことがないエンタテインメント的な意味で、人々は面白がったようである。

二〇〇五年に、このアハ体験を茂木がテレビ番組で紹介したところ、株式会社セガ（当時）のゲームチームからPSP（PlayStation Portable）のゲームを作りたいというオファーが入ってきた。私は、茂木の名前を冠したゲームを作るならば、それはまずソニーのゲーム制作部隊でと考えていたため、セガとのゲーム作りには強く反対した。しかし、セガの提案内容が具体的であったこと、茂木自身もセガの提案内容が気に入っていたこと、さらにゲームに詳しい人からのアドバイスでも、すでに具体的な企画がまとまっているセガと組んでやるのが一番いいという意見もあり、私は一夜にして考えを変え、セガからゲームを出すことにしようと、心に決めた。

ソニーミュージックアーティスツ（SMA）を巻き込みセガとの取り組みを可能に

とはいえ、ソニーの研究所が社外のゲーム会社とゲームの制作をするなど全く前例がなく、数多くの困難が予想された。特に研究所には、肖像権のライセンスや、売上の管理など、そこで必要とされる機能が全くないのが問題で、早速、壁にぶち当たってしまった。すると、あるとき所社長（当時）が、「ソニーグループの中にタレントのマネジメントをやっている会社があったから、そこに頼んだらどうだろう」というアイデアを出してくれた。

実はそのとき、セガ側は、映像も含めてゲームについてはすべて彼らが制作し、茂木にはコンテンツの監修を期待していた。つまり、技術のライセンスではなく、制作指導や茂木の肖像権の許諾をしてほしかったわけで、それは通常、マネジメント会社が調整を行っている業務であった。そこで、かつてFourth VIEWプロジェクトで一緒に仕事をしていたソニーミュージックのメンバーに相談したところ、ソニーミュージックアーティスツ（ＳＭＡ）という会社の中に、ミュージシャン以外のマネジメントを担当している部署があり、そこの人を紹介してもらうことになった。

早速、ＳＭＡに行き、ことの経緯を説明した上で、アハ体験に関してのみセガとソニーＣＳＬの間で調整業務をしてほしいというお願いをしたところ、快く受けてもらえることになった。そしてそれ以降、アハ体験に関わる社外案件すべてについて、ＳＭＡに調整してもらうようになった。ＳＭＡの最初の仕事はテレビ局とセガの間の調整で、私たちには全く歯が立たない分野であるが、双方が納得できるようなWin-Winの落としどころで軽々とまとめてくれた。

こうして、セガとの組み方は決まったものの、社内の多くの部署（人事、法務、知財、広報、ブランド戦略、技術戦略等々）にとっては前例のないケースなので説明が必要となり、私はこの企画のプレゼンをおそらく二〇回ぐらいはやったと思う。しかし、一部のハードルはあったものの、思いのほか各部署が好意的に協力してくれたので、最終的にはＯＫを取り付けることができた。

実はセガには、「社内の承諾が取れなかったら、すべてご破算にする可能性があります」

図3–2　PSP® ゲームソフト「ソニーコンピュータサイエンス研究所 茂木健一郎博士監修 脳に快感 アハ体験！」
©SEGA

と伝えていたのだが、セガ側はＯＫが出てから制作したのでは間に合わないので、リスクを覚悟で制作は進めると言っていた。実際ＯＫが出たのはソフトが完成する一カ月前、発売の三カ月前という、すでに引き返せないタイミングであり、こちら同様、セガ側もさぞかしハラハラしたことだろうと思う。

　こうして二〇〇六年六月二二日、ＰＳＰソフト「ソニーコンピュータサイエンス研究所 茂木健一郎博士監修 脳に快感 アハ体験！」が発売された（図**3**–**2**）。短期間で制作されたにもかかわらず、世の中の関心の高まりに遅れることなくリリースされ、たいへんん好評だった。またその後、二作目も制作された。

「アハ生態圏」で数十億円の経済効果

これで一段落かと思ったが、このタイトルがきっかけとなり、わらしべ長者のように、次々と案件が連鎖して広がっていくことになった。まず、このタイトルの発売と同時に、お台場にある子供が楽しめる科学館「ソニー・エクスプローラサイエンス」において「アハ体験スクエア」という企画展を行うことになった。ＰＳＰゲームのほかに、アハ体験のコンテンツを取りそろえ、それに脳科学的な解説も加えて展示を行ったのである。これが好評で、銀座のソニービルの担当者が、銀座でもやってくれないかということになり、ソニービルでもアハ体験イベントを行った。

さらに、携帯でも楽しめるようなゲームを作りたいという要望がセガからあり、どうせやるなら、ソニーグループの携帯会社ソニーエリクソンともコラボをしようということになり、ソニックカフェというセガのサイトとPlayNowというソニーエリクソンのサイトで携帯アプリのダウンロードを開始した。これがまたまた好評で、ソニーエリクソン製ａｕ携帯電話W51Sにプリインストールしたところ、これも大きな話題になった（図**3-3**）。

このころから、社外からの案件も増え始め、二〇〇七年春には、大塚製薬株式会社の「カ

図3-3　アハ体験！（携帯電話 W51S にプリインストール）
（出所）ソニーモバイルコミュニケーションズ株式会社

ロリーメイト」の受験生応援キャンペーンということで、アハピクチャーを封入したカロリーメイト製品を発売した。これを皮切りに、平井堅の新曲プロモーションとして巨大アハピクチャーを銀座に展開、ソースネクストの年賀状ソフトへのアハピクチャー提供、映画「ナイトミュージアム」についてはアハムービートレーラーを制作、サンスターの歯磨きGUMのアハムービープロモーションなどを次々と手がけ、TPOの業務の一つになった（図**3**-**4**）。

　これらの案件は、SMAが窓口となり、私たちTPOが制作のサポートを行い、茂木が監修をするという形で進んでいる。監修作業以外の茂木の負担を私たちとSMAが軽減するように協力しているが、おそらく以前の研究所の体制では、ここまでの展開はできなかったと考えている。

　一方で、ビジネス面では、ソニー・コンピュータエ

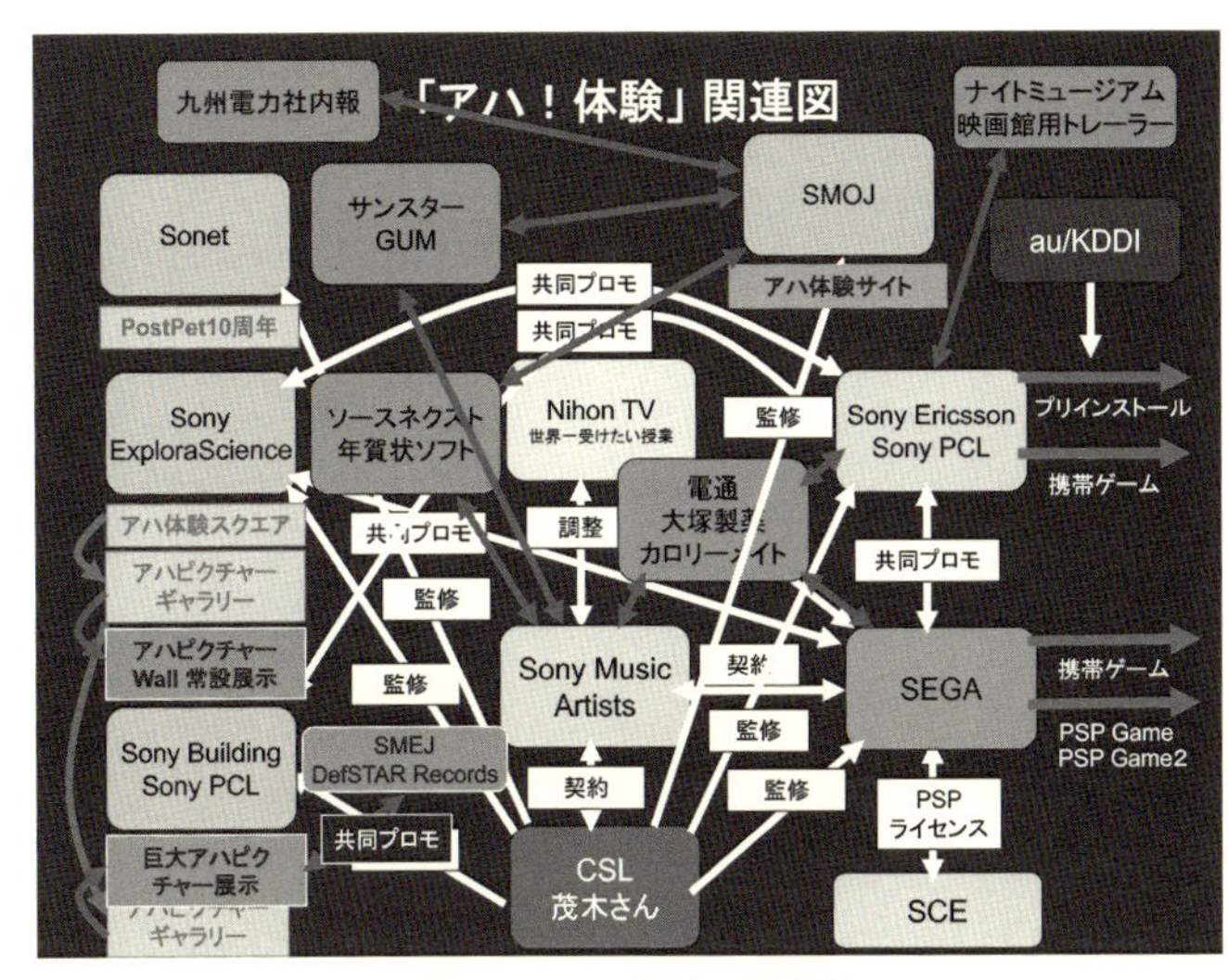

図3-4　アハ体験！関連図

（出所）株式会社ソニーコンピュータサイエンス研究所

ンタテインメント（SCE）、ソニーエリクソンなどのソニーグループ企業をはじめ、制作に協力してくれているSMA、ソニーPCL、さらにセガや大塚製薬などの外部顧客を含めたアハ生態圏とでもいうべき関係者たちには、数十億円規模の経済効果をもたらしており、また社会的なインパクトも大きなものになっている。こういった結果になったのは、もちろん茂木の知名度のおかげだが、チャンスを現実に変えていったという意味で、私たちも貢献できたと考えている。

この案件のTPOにおける意義は、「サイエンスコンテンツ」という新しい形での研究成果創出が可能であることを証明したことだと思う。「アハ体験」コンテンツは、ある程度の制作ノウハウはあるものの、複雑な技術が必要なわけではない。しかし、茂木のキャラクターや解説、コンテンツの面白さが相まって、たいへん魅力的な「サイエンスコンテンツ」という新しいジャンルになっている。このことに、セガからの提案で気づかされ、またそれを前提とした展開を進めた結果、これだけ広範な成果につながった。研究成果の実用化には、常識にとらわれず、常に新しい実用化方法を探究していくことが重要だと感じた案件だった。

3 ソニーCSL初のスピンアウト

位置情報サービス、プレースプロジェクト

ここまでは、どこかに研究成果を移管して実用化を目指すという例を説明してきたが、それは、研究成果を受け取る移管先が存在するという前提に基づいている。しかし、全く新しい分野や、複数の事業部をまたいだ新技術の場合には、適切な移管先が存在しないこともある。そこで、ここではスピンアウトして会社の設立に至った例を紹介したい。

ソニーＣＳＬにはいろいろなところから人が来ているが、その中に末吉隆彦という研究者がいた。彼は根っからの研究者ではなく、ソニー本社で技術開発部門のマネジメントをやっていたが、一念発起してその立場を離れ、ソニーＣＳＬ発の新しいビジネスを作り出すというミッションで二〇〇五年にソニーＣＳＬに異動してきた人物である。異動当初は、ソニーＣＳＬのそれまでの研究をいろいろ検討していたが、もともとソニーＣＳＬの研究者だった暦本、塩野崎敦と一緒にプレースプロジェクトというものを立ち上げた。

プレースプロジェクトは、PlaceEngineという技術をもとに立ち上げたプロジェクトである。PlaceEngineは、Wi-Fiの電波を使って位置を測位する技術である。

街中にはWi-Fiの電波が溢れている。例えば、ソフトバンクやWi2の公衆無線ＬＡＮスポットもあるし、企業や商店が設置しているアクセスポイントも、個人が自宅に設置しているアクセスポイントもある（**図３－５**）。ＰＣで「利用できるワイヤレスネットワークの表示」というメニューを開くと、その場所の周りにあるアクセスポイントが一覧になって表示される。もちろん、各アクセスポイントには、パスワードが設定されており、ネットワークにつなげることはできないが、自分の周りにどのようなアクセスポイントがあり、また自分の場所ではどれくらいの強さで電波が受信できるかということは、誰でも観測できるのである。

一方で、Wi-Fiの電波は、あまり遠くには飛ばず、街中なら一〇〇メートルぐらいしか届

図 3–5　東京における Wi–Fi スポットの分布

（出所）クウジット株式会社

かない。だから、このように観測できるアクセスポイントの組み合わせというのは、街中のそれぞれの場所によって異なるその場所特有の情報だと言える。逆に言えば、アクセスポイントの位置情報と、どのアクセスポイントが観測できるかという情報から、自分の場所を逆引きすることができるわけだ。

しかし、Wi-Fiアクセスポイントの位置情報データベースというのは、普通は存在していない。Wi-Fiのアクセスポイントは、誰でも設置できるし、昼だけ電源を入れて夜は消すという使い方もある。また、会社が引っ越しでもすれば、保有するアクセスポイントも同時に引っ越しをしてしまう。つまり、常に変化し続けるものなのだ。

そこで、ウィキペディアのように、皆が情

報を持ち寄ることによって、データベースを構築するのがこの技術の特徴である。これは、ある場所から見えるアクセスポイントを学習データとして明示的に登録することも可能だが、例えばデータベースに問い合わせた時に、既知のアクセスポイントの近くに未知のアクセスポイントが発見されたら自動的にデータベースがアップデートされるようになっている。したがって、ユーザーが使っているだけで、データベースが時々刻々と更新されていくという特徴を持っている（図**3－6**）。

この技術をソニーの事業部に紹介すると、「使いたい」という反応を受けたが、同時にこの事業自体をその事業部ではできない（なぜなら事業部は一つの商品カテゴリーを担当しているので、広く使われる位置情報サービスを担うことは荷が重すぎる）し、また研究所が進めているプロジェクトとして長期間の継続性を疑問視することもあった。こうした反応や、末吉やソニーCSL幹部の意向もあり、位置情報サービスを提供する独自のベンチャーを研究所からスピンアウトさせることを決意した。

売り先を作る

しかし、ここからが大変だった。実はソニーCSLからスピンアウトの会社を作るのは初めてであり、前例のないことは、大企業の中ではいろいろな抵抗にあう。それゆえこの案件

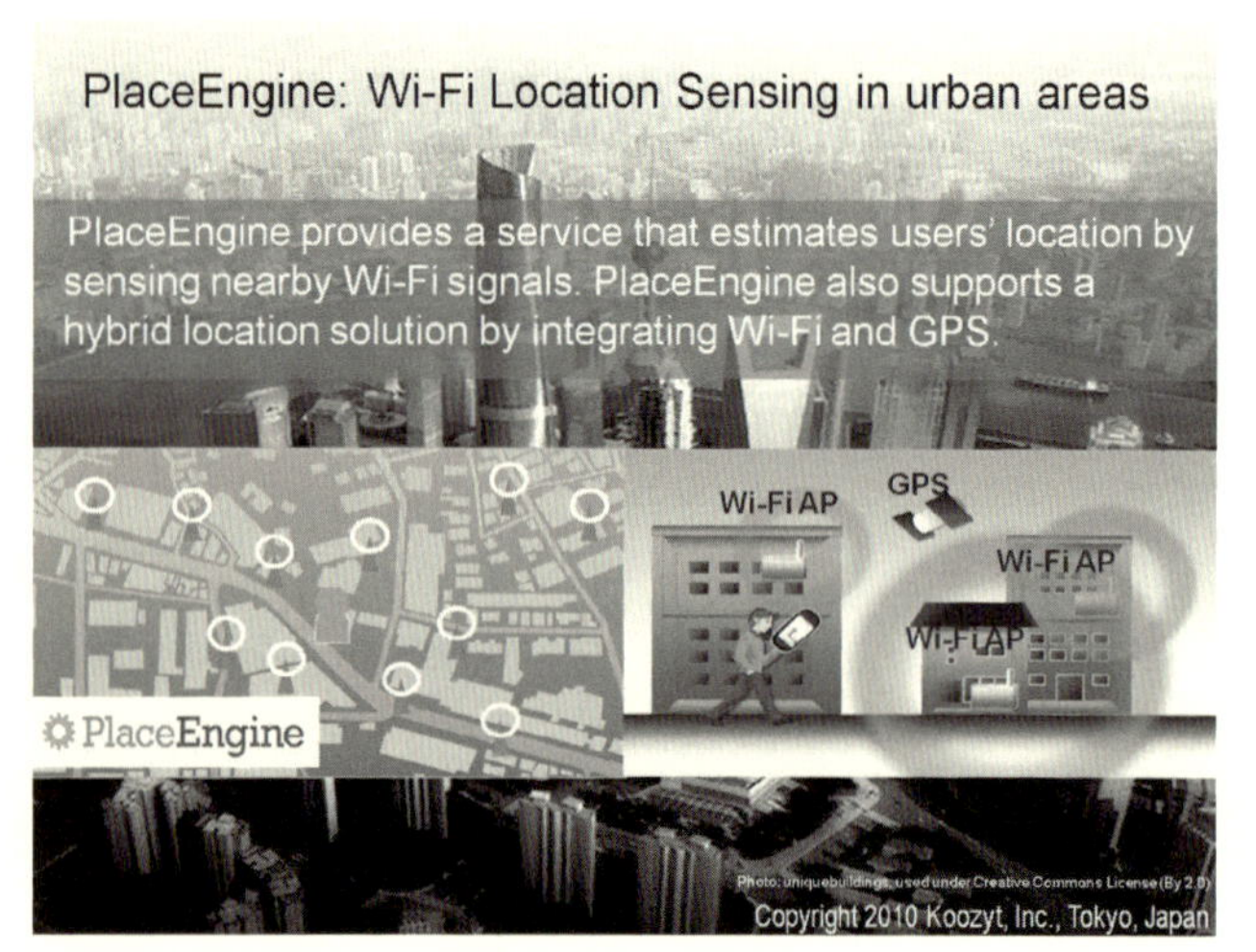

図3–6　PlaceEngine

（出所）クウジット株式会社

を進めることは容易ではなかった。試行錯誤の中で、ソニーグループの中でも独自の経営を行っていた、上場企業であるソネット株式会社と組んで、技術と人材をソニーCSLから、資本をソネットから投入する形で会社を設立する枠組みを作り上げた。

だが、最後の最後に、会社設立のカギを握る本社幹部に説明し、賛同を得なければならなくなり、所と末吉、私で、夜中まで作戦を練ったことを今でも覚えている。結局、かつて末吉がその本社幹部の部下だったこともあり、末吉一人でフラッと相談に行くのが一番いいだろうということになり、翌日、末吉が幹部を訪ねたところ、昔話に花が咲き、会社設立

図3−7　クウジット株式会社の創業メンバー　塩野崎氏（写真右）、末吉氏（中央）、暦本氏（左）

（出所）クウジット株式会社

図3−8　クウジット株式会社のロゴ

（出所）クウジット株式会社

も応援してくれるというサポートを取り付けることができて、一同ほっと胸をなでおろした。

こういった数々の困難を乗り越えて、二〇〇七年七月にクウジット株式会社を設立することになった。冒頭で触れた末吉が社長、塩野崎がＣＴＯ（最高技術責任者）としてこの会社に移り、また暦本も取締役兼技術顧問に就任した（**図3−7、図3−8**）。

クウジットは、顧客の要望に合わせて、様々な端末で動作するソフトウェアを提供するとともに、位置認識に必要なサーバーの保守運営も行い、総合的な技術ソリューションを提供している。

その後、クウジットは、大きな商業施設や博物館などの屋内で位置を認識できる屋内位置測位や拡張現実感技術、顔・表情認識技術などをマーケティング分野に提供する有力な企業として成長している。これらの技術を使って、スマートフォンでの広告や、プロモーション、ナビゲーションなどの様々なサービスを提供している。

フラッグシッププロジェクト――東京国立博物館

このクウジットの立ち上げにおいては、TPOの本條陽子が大活躍した。本條はクウジット設立直前にTPOに参加し、クウジットの立ち上げに主体的に関わった。初期のPlaceEngineの実用化の様々な案件に関わったが、その中でも現在に続くフラッグシップとなっている上野の東京国立博物館とのプロジェクトは、本條の執念の結晶と言える。

本條は、PlaceEngineの屋内測位能力を実証するため、当初からフラッグシップとなる採用事例の必要性を考えていた。その中で、日本の博物館の頂点である東京国立博物館に着目し、ナビゲーションガイドシステムとしての実現を目標に定めた。しかし、そう簡単にことは運ばず、博物館を含めた多方面との忍耐強い折衝が必要となった。

そもそも、広大かつ膨大な収蔵物を有する東京国立博物館だが、短いものでは一カ月で次の展示物に入れ替わってしまうため、スマートフォンで作品ガイドを制作するのは難しいと言われた。そこで、まずは場所を法隆寺宝物館に限定し、三週間の端末無料貸し出し実験を成功させる。この実証実験ではPlaceEngine技術が使用され、利用者の現在地に応じて代表

図3-9　東京国立博物館におけるナビゲーションシステム
（出所）東京国立博物館

的作品を紹介する動画が自動的に再生された（図3―9）。

その後、ナビゲーションガイドシステムの効果を段階的に広げて確認していくことにより、ガイドの範囲を東博全館にまで広げていった。さらに、例えば楽器ならばどういう音がするのか、美術品はどういう工程で制作されているかなどをデジタルで体験できる体験型コンテンツなどを追加していった。このシステムは、今では「トーハクなび」という名前で博物館の公式アプリケーションとして無料公開されている。

本條はこのプロジェクトにおいては、単なるマッチメーカーではなく、コンテンツの企画、制作から実サービス展開まで総合プロデューサーとしての働きを示している。本條は、芸術と技術の融合においてたいへん優れた能力を持っており、このプロジェクトにその能力が存分に生かされていると思う。その後もCSLの中では、こういった芸術と技術の融合案件については、本條が担当している。

この事例では、研究営業としても、単に研究成果を売り込むだけではなく、新しい会社の設立のために事業計画の作成や社内調整、社内での出資者探し、フラッグシッププロジェクトなどの格段に難しい業務を行う必要に迫られた。それらは、研究所のマネジメントと末吉、塩野崎の強い意思があったからこそ実現できたのであるが、常に新しいものを生み出そうとしている研究所にとって、売り先がなければ自分で売り先を作るという姿勢は非常に重要であると思う。この例は、研究所にとってのビジネスインキュベーションの重要性を立証した重要な事例だと感じている。

4　新電力産業の創出に向けて

〝電力版インターネット〟を作る

さらに大きなスケールで新産業の創出を目指しているのが、オープンエネルギーシステム

プロジェクトだ。所ファウンダーが直接率いて、まさに世界を変えようと現在進行している
プロジェクトだが、一〇年前にこれが始まった時は、他の研究と同様に、TPOがフォロー
している一人の研究員の研究にすぎなかった。最後のケーススタディとして、このプロジェ
クトを紹介しよう。

現在、ソニーCSLで進めている最大のプロジェクトがこのオープンエネルギーシステム
プロジェクトである。今我々が毎日使っている電力システムは、巨大な発電所で大量に発電
し、それをはるばる遠距離送電して、多数の家庭に小分けして配電していく中央集権閉鎖型
電力システムだ。これに対して、オープンエネルギーシステムプロジェクトは地産地消の概
念の下、ボトムアップでオープンな分散型電力ネットワークを作ろうというものである。電
力は上流から下流への一方通行ではなく、多数のユーザーが太陽光パネルや風力で小規模発
電した電力をネットワークで結んで相互に融通する。いわば「電力版インターネット」だ。

別のたとえをすると、既存の電力システムは、これまでの電波によるテレビ放送のような
ものだった。つまり、放送局で制作された番組を皆が一斉に視聴するという形態だったのが、
ユーチューブやユーストリームの登場により、ユーザーが自分でコンテンツを制作して発信
することができるようになった。既存のテレビ放送がなくなったわけではないが、新しいメ
ディアが登場して、多くの選択肢が得られるようになったのである。それが実現したのは、

技術の基盤としてのインターネットができたからであり、「同様のことを、これからのエネルギーについても起こすべきである」と私たちは考えている。

特に、これから太陽光発電のような再生可能エネルギーの比率を上げていくためには、この新しい仕組みが不可欠であると考えている。現在の中央集権型の電力ネットワークは、発電所の電力を末端に届けることを想定して作られているため、末端で作られた電力を受け入れる（「逆潮流」という）ことには限界があり、実際に売電の受け入れ停止や制限という事態が各地で起きている。そのため、再生可能エネルギーの比率を上げるためには、オープンエネルギーシステムのような新しいネットワークが必要なのである。

大学や企業がかかわる一大プロジェクトに

この研究は、机上の理論研究ではない。すでに実際に人が住んでいる住宅一九戸を直流マイクログリッドでつないだ実証実験プラットフォームを沖縄科学技術大学院大学に構築しており、二〇一四年末から一年にわたって連続で稼働している。

また、二〇一四年、一五年と国際シンポジウムを開催し、カナダ、ハワイ、フランス、オーストラリア、インド、バングラデシュなどの先端的な研究機関、エネルギー関連企業などの多くのキーパーソンを迎えて、熱い議論を繰り広げた。新しい具体的なコラボレーションがスタートしており、まさに世界を変える流れを生み出そうとしている。

このプロジェクトは私たちだけでなく、沖縄科学技術大学院大学や沖縄の電設企業である株式会社沖創工、沖縄のソニーの子会社であるソニービジネスオペレーションなども加わって、すでに三〇～四〇名近い人が関わる大プロジェクトになっており、今後はさらに大きなプロジェクトになっていくものと思われる。

しかし、今でこそ、こうした大きなプロジェクトに育っているが、一〇年前はソニーＣＳＬの他の研究と同じく、たった一人の研究者が行っていた研究であり、それがこのような大きな流れになるとは全く考えていなかった。この一〇年間、研究営業の観点から、どういう形でこれに関わってきたかを紹介したい。

インターネットのしくみにならった「パケット電力」を考案

スタートは二〇〇五年で、ソニーＣＳＬの研究者の一人、田島茂が始めた研究だった。田島は、誰でも簡単にエネルギーを相互融通できる技術を開発したいと考え、その一つのアイデアとして、電力をパケットとして伝送する「パケット電力」というものを考案した。インターネットでも、パケットというデータの塊がネットワーク上を行き来している。インターネットのパケットでは、まずヘッダーという部分に、どのようなデータで行先はどこかなどの情報を持ち、さらにデータの本体がそれに付随している。このデータの代わりに、電力そのものにヘッダーをつけて、電力版のパケットを実現しようというシステムであった。彼は、この原理システムとして、実験室レベルでのプロトタイプを製作した。

TPOとしては、非常に有望な研究であると感じていたが、一方で、一人では実用化できるテーマではないし、ソニーのどこかに移管しても簡単に商品化できるものでもないと感じていた。

また実験の結果、やはり電気を溜めることが非常に重要だということが分かってきた。例えばインターネットの場合、ルーターという機械が、送られてきたパケットをいったん受け止めて送り出すという働きをしているが、そのために送られてくるデータをストアする（溜める）機能を備えている。電力の場合にも、電気をストアする機能が必要で、バッテリー（電池）がネットワークを構成するための重要な要素となる。

本社電池部門とのコラボ

ソニーはリチウムイオン電池を世界で初めて商品化した企業であり、電池の製造販売を行っている事業部のソニーエナジー・デバイス株式会社（SEND）が福島県の郡山を拠点に活動していた。まず、SENDと話を進めることが必要と考え、コネクションを探った結果、たまたま私が二〇年前に赴任していたシンガポールの工場で同僚だった安田正之がＳＥＮＤの事業部長に就いていることが分かった。久々に連絡して、デモも見てもらったところ、たいへん面白い技術であると共感してくれて、コラボをスタートすることになった。

ただ、コラボすることには合意したものの、実業を抱えているＳＥＮＤとは、なかなか足並みが揃わず前に進むことができなかった（半年ぐらい音信不通だったこともある）。ＴＰＯとしてフォローしても前に進まない中で諦めかけたこともあったが、社長の所に相談したところ、「社内の技術展示会での共同展示を提案してみてはどうか」と言われた。

「忙しいから無理ではないか」と半信半疑だったが、提案してみたところ、意外にも先方とのやり取りが復活し、共同展示が実現したのである。今から考えると、所は、技術者として、技術展示会での展示という目標を提示すると、目的が明確になり担当の技術者は燃えるだろうという心理を読み切っていたのではないかと思う。

ＳＥＮＤは、携帯電話やウォークマンに入っているような小型リチウム電池の製造販売を行っていたが、家庭用や業務用、電力網に使うような大型の電池の開発も行いたいと考えていた。私たちが目標とする電力版インターネットにも大型の電池が必要だ。そこで、ＳＥＮＤがハードウェア、私たちがソフトウェアを開発する形で、大型電池を共同開発することになった。

試行錯誤を経ながら、約一年半後の二〇〇九年末には、初代のバッテリーサーバー（インテリジェント機能をもった電池）のプロトタイプが完成した。それを技術展示会で社内に公開したのだが、正直その次の手をどう打つかは決まっていなかった。

ガーナでワールドカップのパブリックビューイングを実現

そこに前述の吉村司がハレーすい星のごとく現れた。吉村は、二〇〇九年からＦＩＦＡのスポンサーシップを活用する活動を行っており、その一環で、アフリカにおいてサッカーの試合を移動パブリックビューイングで見せるというプロジェクトを行っていた。アフリカには、サッカーの強い国がたくさんあるが、一方で、例えば当時ガーナにおけるテレビの普及率は二〇％ということで、自国のチームが戦っている姿を見ることができない国民も多くいた。そこで、車に発電機、プロジェクター、アンプ、スピーカー、スクリーン、衛星受信機など一式を積み、村々を回ってサッカーの試合のパブリックビューイングを行うという活動を二〇〇九年に行っていたのである。

その吉村が、バッテリーサーバーのプロトタイプを見るなり、これをアフリカに持って行きたいと言い出したのだ。

吉村の現地での経験によると、一番の問題はエネルギーの確保だということだった。例えば、電気がきている場所でパブリックビューイングを行っても、突然の停電で電気を使えなかったり（特にサッカーの試合が行われている時間帯は、電力需要が高まり、末端の村まで電気がこない）、そのバックアップとして、発電機を使おうとしても、発電機を動かすガソリンがなかなか届かなかったりと大変だったそうだ。もし、このバッテリーサーバーが現場にあれば、停電になっても問題なくパブリックビューイングができる。さらに電気がきていない村でも、自然エネルギーで発電して、バッテリーサーバーに電気を溜めておけば、外部からのエネルギー供給がなくてもパブリックビューイングを行うことができる、と吉村は主張した。

一方で、研究開発の観点からも、アフリカでのパブリックビューイングは絶好の実証実験になる。その時点でＳＥＮＤも含めて六名ほどになっていた開発メンバーも、一丸となってその方向に進むことになった。とは言っても、その方向が決まったのは二〇〇九年末で、二〇一〇年六月には南アフリカでワールドカップが開催されるため、輸送などを含めると、準備期間としては三カ月ほどしかない。

また、アフリカの未舗装路での長時間の輸送なども考えると、既存のプロトタイプではなく、頑丈なケースに納めたアフリカバージョンを作らなくてはならない。太陽電池による発電システムの設計、プロジェクターの電源改造など、まさに超人的なスケジュールだったが、プロジェクトメンバーは燃え上がった状態で突き進み、六月の本番に見事に間に合わせることができた。

そして、二〇一〇年ワールドカップの本番に、ガーナ北部一四カ所の無電化村において、パブリックビューイングを行うことができた（図3−10）。昼間に太陽電池パネルを使って四時間ほど発電すると、バッテリーサーバーをほぼフル充電することができる。そして、その電気を使えば、夜に行われる二時間半のサッカーの試合のパブリックビューイングを行うことができる。実際のパブリックビューイングでは、ガーナのナショナルチームがゴールを決めると、お祭り騒ぎのような大歓声が上がった。プロジェクトは大成功を収めた。

無電化地域で携帯充電サービスを開始

この活動は社内外でたいへん有名になり、エネルギーの研究はいっそう加速されることになった。ちなみに、ＳＥＮＤではその後このバッテリーサーバーを商品化して、自治体や企業などに販売する大きなビジネスになった。しかし、ソニーＣＳＬとしては、バッテリーサーバーの商品化がゴールではなく、あくまで電力版インターネットを実現することが目標であり、いまだ道半ばである。

ＴＰＯとしては、この活動においても対外ＰＲや社内調整など様々なサポートを行ってい

図3-10　ガーナにおけるサッカーのパブリック・ビューイングとリーダーの吉村司（下）

（出所）株式会社ソニーコンピュータサイエンス研究所

たが、事業として本格的な立ち上げをするために、アフリカで中心的な役割を果たしていた徳田佳一を本社からＴＰＯに迎え入れることにした。

そして、徳田が中心になり、国際協力機構（ＪＩＣＡ）の協力準備調査（ＢＯＰビジネス連携促進）の採択・支援を受け、ガーナの無電化地域において、バッテリーサーバーを使った三年間の実証実験を展開することになった。

パブリックビューイングは派手な活動であり、エネルギー研究を本格的に進めるターニングポイントであったが、自分で発電して自分で蓄電して自分で消費するものだったので、これは最初に構想したエネルギーを融通するという状態にはなっていなかった。そこで、この実証実験では、村の起業家と組み、太陽電池で発電してエネルギーサーバーに溜めた電力を、村の人たちの生活に使ってもらうという継続的なサービスを試すことにした。

村の人たちに「電気があったら何に使いたいか」という調査をしてみると、要望として第一に上がってきたのが、携帯電話の充電をしたいということだった。驚くべきことだが、無電化村にもかかわらず、携帯電話を持っている人は実は多い。電気がないのに、どうやって充電しているのかと聞いてみると、数日に一度、一〇キロメートルほど離れた町までバイクに乗って行き、充電屋さんというスタンドで一〇〇円ほど払って充電し、またバイクに乗って村に帰るというたいへん面倒なことをして携帯を使っていることが分かった。

なぜ、そこまで苦労して携帯を使いたいのかと疑問に思うかもしれないが、村で生産している農作物をたまに買い付けにくる仲買人に売る際に、その時点での町での農作物の相場などの情報がリアルタイムに得られれば、仲買人との交渉がしやすいので、農民にとっては携帯が生命線なのだ。こうして、面倒でも携帯を維持するために充電し続けるというニーズが高いことが分かった。

そこで、私たちのシステムを現地の人に提案し、携帯充電サービスを行ってもらうことにした（図3－11）。徳田は、これを進めるために、現地で必要な機材の開発、輸送から、現地との交渉、実験の実施、最終報告までを取り仕切り、ドバイ経由で片道二〇時間近くかかる日本とガーナの間を、三年間にわたり、二カ月おきに計一〇往復をこなして、このプロジェクトを推進した。これは発展途上国における新しいエネルギーシステムの研究として成果を上げ、その後バングラデシュでも同様の活動を継続している。

コンソーシアムを結成

一方で、さらに大規模に、家屋の間で電力融通をするような研究を模索していたところ、前述したとおり、沖縄科学技術大学院大学（ＯＩＳＴ）が私たちと共同研究を進めることになり、沖縄を舞台とした研究を開始した。ＯＩＳＴは新設の大学だが、恩納村というたいへ

図 3-11　ガーナにおける研究活動
自然エネルギーによるパブリックビューイング（上）、
自然エネルギーによる携帯充電サービス実験（下）
（出所）株式会社ソニーコンピュータサイエンス研究所

ん環境の良い場所に広大な敷地を持っている。そこには大学本体のほか、学生のアパートや教員住宅、そして生活のために必要な商店やクリーニングサービスなど、まるで小さな町のような環境を持っていた。

そこで、大学が保有する、実際に教員やその家族が住んでいる各家屋に、太陽電池とエネルギーサーバーを設置し、さらにそれを直流マイクログリッドで結んで、相互にエネルギーを融通しあうことにより、コミュニティ全体で自然エネルギーをメインに使うシステムを構築することになった（図3－12）。

また、この研究開発が、沖縄県の補助事業（亜熱帯・島しょ型エネルギー基盤技術研究事業）に採択され、プロジェクトのために、ソニーCSLとOISTに加えて、沖創工、ソニービジネスオペレーションも加えたコンソーシアムを結成し、二〇一三年から実証実験プラットフォームの構築を開始した（図3－13、図3－14）。

この沖縄プロジェクトにおいても、補助事業の申請、県との折衝、コンソーシアム参加メンバーとの調整、実際のプラットフォーム構築の推進、さらには、実際に住んでいる住民に対しての説明会など、徳田は獅子奮迅（ししふんじん）の活躍をし、ほぼ毎週のように、沖縄への出張を繰り返した。またソニーCSL内のプロジェクトの体制も強化することになり、会長を引退した所がプロジェクトリーダーとして直接率いる「オープンエネルギーシステムプロジェクト」

図3-12　沖縄における自然エネルギー実験
バッテリーサーバー（上）、自然エネルギーの見える化（下）

（出所）株式会社ソニーコンピュータサイエンス研究所

という組織を設置することになった。そしてＴＰＯを主務としていた徳田は、このオープンエネルギーシステムプロジェクトを新たな主務として異動することになった。

その後は、いずれはスピンオフすることを念頭に置きながら、冒頭のとおり順調な発展をしており、世界を変えるプロジェクトになろうとしている。

それまで、研究営業は、研究者のサポートとして様々な研究の実用化に関わってきたが、このオープンエネルギーシステムプロジェクトにおいては、当初の研究者サポートからスタートして、プロジェクトの成長につれて、途

図3-13　沖縄でのオープンエネルギーシステム（OES）プロジェクト
OIST教員住宅に構築した実験プラットフォーム（上）、各家屋に設置した太陽電池パネルとエネルギーサーバー（下）

（出所）株式会社ソニーコンピュータサイエンス研究所

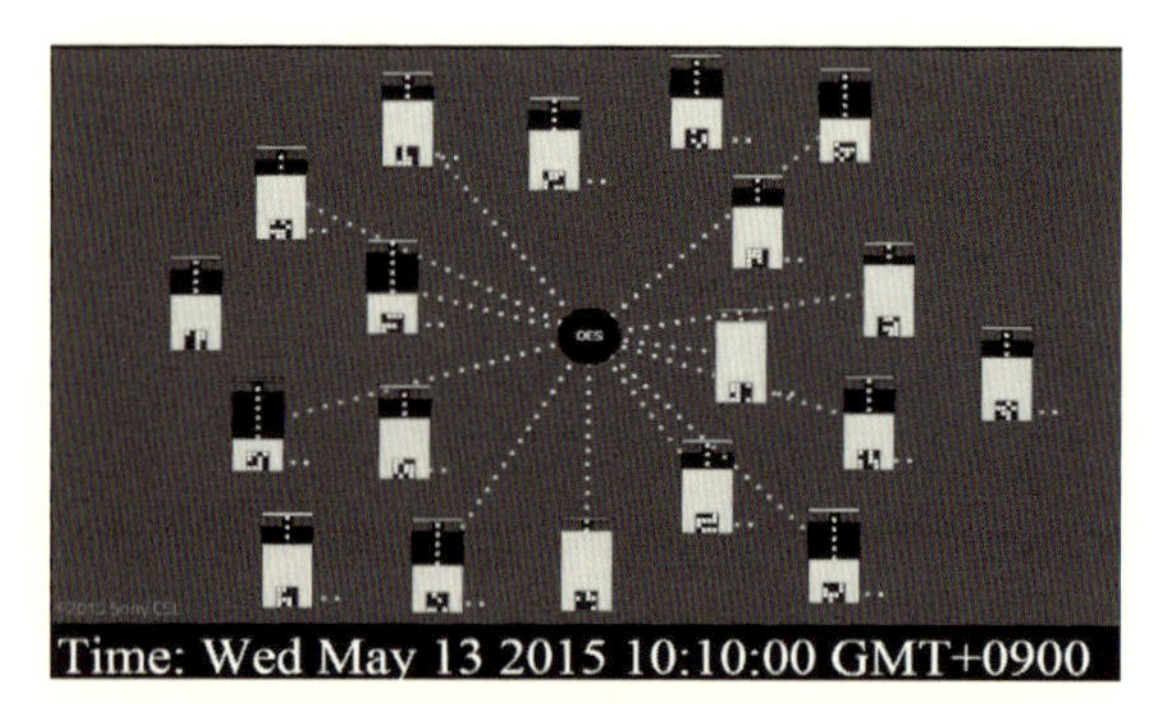

図3–14　沖縄での電力融通システム

（出所）株式会社ソニーコンピュータサイエンス研究所

中からは、研究営業が研究そのものの遂行に直接関わり、牽引する役割になっていくという、一歩進んだ活動を進めることができた。まだまだ途上のプロジェクトではあるが、研究営業としては、研究者の熱い思いで始まった小さな種を、大きく育てることに貢献できた成功例だと考えている。

第4章　研究営業の手法

　さて、ここまでいくつかのケースをみてきたが、現在の研究営業はどんな活動をしているのかを、改めて整理して紹介したい。

　研究営業の仕事の流れは、普通の営業活動とほとんど同じで、「研究成果の仕入れ」、「営業素材としての整備」、「営業活動」の順に進行していく（**図4−1**）。

　研究営業の売り物は「研究成果」である。研究から成果が出て一段落した段階で、研究者が持っている論文、プレゼンテーション資料、ビデオなどを研究営業部隊が商材として仕入れる。次に、それをまとめて顧客に分かりやすい営業素材として整理していく。そうしてできた営業素材をもって、顧客である事業部に対して営業を仕掛けるのである。

　それでは、それぞれの活動を詳しくみていこう。

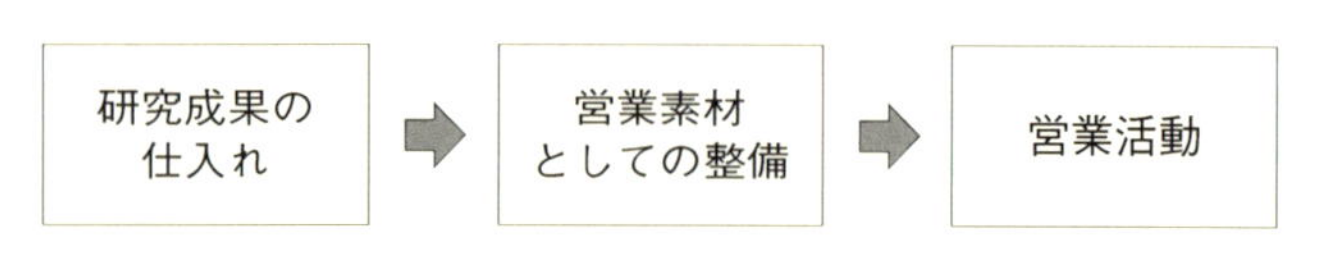

図 4-1　研究営業の仕事の流れ

（出所）株式会社ソニーコンピュータサイエンス研究所

1　研究成果の仕入れ

〈研究成果報告会〉

研究者は、様々な観察、考察、実験などを経て、ある知見が得られると、研究成果をまとめ、特許取得、論文投稿、学会発表を行って、それを研究所内の「研究成果報告会」においてマネジメントを含む全員の前で発表する。

この研究成果報告会は、ソニーCSLでは「レビュートーク」とよばれており、毎年四月に開催される。各人四〇分ほどの研究発表プレゼンを行い、全研究員からの厳しいQ＆Aに耐えなくてはならない。この成果は、翌年の年俸の交渉にも反映される重要な会合のため、各研究員は研究成果をいかに効果的にアピールするかについて腐心している。

当然のことながら、研究営業もこの会合に出席して情報を得るのだが、各研究分野において、非常に高度な議論になっていくことも多く、この会合だけで情報を得るのは難しい。例えば次に示す磯崎研究員の場合、データ解析の最先端研究をやっているため、発表内容は数式やグラフが盛りだくさんだ。ＴＰＯの私たちもなんとなくは分かるが、議論にはついていけない。そこで研究営業は、レビュートークの直後に、各研究者について、以下のような個別のフォローアップミーティングを毎年行っている。

〈ＴＰＯインタビュー〉

「研究成果の仕入れ」において、最も重要な活動がこの「ＴＰＯインタビュー」だ。年に一回、レビュートーク後、全研究員と一時間ずつ議論を行う。どんな具合に進めるのか、磯崎研究員の例で紹介しよう。

「先日のレビュートークでの発表は、面白そうだったけど、ぶっちゃけ難しくて分からない部分もあったので、もう一度素人にも分かるように説明してくれないかな？」（ＴＰＯ）

「いいですよ」（磯崎）

「今回のレビュートークでは、昨年発表した○○については触れなかったけれど、現在、どういう状態なのかな」（ＴＰＯ）

「その件はあまり進まなかったので、今回発表しなかったのですが、実はこういう解析を今やっているんですよ」（磯崎）

「それは面白い！　結果が出たらぜひ教えてほしいな！」（ＴＰＯ）

「そういえば、〇〇事業部への売り込みはどうなっているのかな?」(磯崎)
「向こうで組織変更があって、対応が遅れているんだけれど、やる気は変わっていない。次は一緒に行こう」(TPO)

こんな会話を一時間、場合によってはそれ以上かけて全研究員と行う。

レビュートークは、主に研究の理論的部分に焦点を当てているのに対して、TPOインタビューは、研究の商品化、実用化に焦点を当てており、それぞれの研究成果はどのような分野に応用できそうか、応用するために何が必要かなどを議論する。

このインタビューに欠かせないのが、「TOP List(Technology on Promotion List)」とよんでいるエクセルの表(**図4-2**)である。

これはインタビューの備忘録のようなもので、これに従って議論を進めていき、また議論をしながら内容をアップデートしていくものである。つまり、前年のリストから始めて、インタビューの終わりには、今年版が完成するということになる。各研究者が行っている研究をプロジェクトごとに分解して、研究名称、共同研究者、研究概要、研究開始年、研究状況、プロモーション状況などを記載していくのだ。

実はレビュートークは、当然のことながら、研究的に大きく進んだ案件に焦点が当てられており、あまり進まなかった案件、小さな案件などはあえて触れられないことも多い。しか

Technology on Promotion List
Alexis Andre

	Name	Developed by	Abstract	Year	Research Status	Promotion Status	Remarks
1	音晶	Alexis	音が触れて見えて、再生できるシステム。	2010.2~	研究としては完成。	Open HouseとSIGGRAPHで発表。2013年 Android版作る予定 ⇒ まだ作れていない。Android側の制約	コンセプトとしては完了しているがUXを試す「場」としては継続応用予定
4	ゲーム制作	Alexis	ゲームに使われている技術の理解のために自らゲーム制作	2009.10~	継続研究中	Online Experimentsとしていくつか公開済み。継続して公開していく予定。⇒ ぼつぼつ制作中。	CSL HPでの公開は当面見送る方向(開発期間より公開作業のほうが時間も手間もかかるため)
7	HP Visualization	Alexis	可視化プロジェクト	2009.7~	継続企画中	CSL HPで実施済 ⇒ 20周年については終了。新たにNew Yorkに向けて準備開始予定。	
8	LOGO	Alexis	ロゴでないロゴ	2011~	継続企画中	バイトが制作希望とのこと	8月完成の予定 ⇒ 2015オフサイトで発表 完成とは言えない状況。
9	Energy Visualization	Alexis	可視化プロジェクト＠CBT	2012~	継続研究中	2012.5.18から稼働していたが、[illegible]。⇒ その後、復帰。アネッタさんのプログラムのvisualizationをしている	
13	12 tone analysis	Alexis	12音解析技術と可視化技術を組み合わせたソリューション(ゲーム含)を考えるプロジェクト	2012~	終了		
14	大崎2Fプロジェクト	Alexis	Interactive aesthetics	2012~	完了	展示継続中	
15	Ars Electronica	Alexis	Interactive aesthetics	2013~	展示目標	詳細未定。だが計画はある。	

図4-2　Technology on Promotion（TOP）List

（出所）株式会社ソニーコンピュータサイエンス研究所

し、そういう案件の中に、いま事業部が求めている技術があるかもしれないし、研究者が思ってもみなかったような応用先もあり得るので、このリストで、しつこく進捗を追っていくようにしている。また、ＴＰＯ側からも、それぞれの案件でどのようなことをＴＰＯ側で実施したのか、どのような事業部からのニーズがあるかなどをフィードバックする重要な機会でもある。

ちなみに、このインタビューの最後に私は必ず研究者に対して「何か他に隠していることはないか？」と刑事ドラマの尋問のような質問をする。研究者はいろいろなことを同時並行的にやっており、必ず次のテーマを何か仕込んでいるのだが、レビュートークのような全体会議では、その手の内を明かすことはない。それは研究者自身、うまくいくかどうかの確信もないので、言わないのだが、ＴＰＯインタビューのような二、三人の小部屋だと、「いやここだけの話だけど……」と言って、仕込んでいる話をしてくれることもある。

「もしそういうことをやっているのなら、○○事業部で開発している技術と組み合わせたら面白いのではないか」とか「趣味でそれに詳しい人がいるので、話してみてはどうか」など、TPO側から研究者に提言することもある。ゆくゆくそういう話が大きくなって、メインテーマになったりするので、たいへん重要な会話である。

もう一つは、「隠しているものはないか」と聞くと「大した話ではないが、こういうものを作った」という小さなネタが出てくることがある。研究を行う過程で必要に迫られて研究者が作ったものだったり、趣味的に作ってみたものだったりするのだが、それが後々意外なものと結びついて全然違う方向で重要になることもある。そういう意味でも、研究者が持っているネタをいかにあぶり出すかということが重要なのだ。

このインタビューは毎年四月に研究者全員と行うが、必要に応じてそれ以外の時期にも適宜追加的に行っている。

〈様々なルートでの情報入手〉

これ以外にも、ジェネラルミーティングという月二回程度行う定例会合での発表、月報、出張報告、特許申請など、各研究者が研究所内で発信する情報については、TPOは貪欲に吸収・活用している。おそらくこれらの情報について、最も真剣に読み込んでいるのは、

図4-3　JackIn Head

（出所）株式会社ソニーコンピュータサイエンス研究所

我々TPOであると自負している（自分たちの飯の種だから当然だが）。

しかし、これらの情報に比べても最も重要な情報入手の手段は、日々のコミュニケーションである。ソニーCSLではオープンな環境を維持するために、論文の締め切り前など切羽詰まっている時を除いて、各個室のドアは開けておかなければならないというルールがある。また、フロアの中心部には、無料のコーヒーマシンとソファーが置かれており、そこで出会った人がいつでも議論できるようになっている。こういった環境での日々の会話の中から、研究営業につながるネタが生まれてくるというのが一番重要である。研究営業が、研究所と切り離された組織ではなく、研究所の内部に組み込まれているべきだというのは、まさしく、この日々の会話のもつ重要性ゆえである。

余談だが、私の口癖は「できた？」である。いろいろな研究者の部屋にいきなり入って行っては、前触れなくランダムに「できた?」という質問をしている。私のほうとしては、具体的に何かのことを聞いているわけではないのだが、ちょうど新しいプロトタイプや実験、アルゴリズム、理論などができたばかりの研究者は、目を輝かせてそれを説明し始めるというわけだ。こういう会話をしかけることも、研究営業が最新の研究成果をいち早く入手するための秘訣である。

例えば、現在JackIn（図4-3）というヘッドマウント・ディスプレイを使った研究をしている笠原俊一は、行くたびに新しい映像やデモを作っていることが多い。先日もいつものように、「できた?」と部屋に入って行ったら、ちょうどヘッドマウント・ディスプレイでキックボクサーに殴られる体験ができるデモが完成したところだという。いきなり体験させてもらって、すごく怖かった。

2　営業素材としての整備

「何ができるか」に焦点を絞った〝営業チラシ〟

研究営業は、いろいろな形で集めた情報を、営業素材という資料の形にまとめている。

図4-4 技術説明資料（CyberCode）

（出所）株式会社ソニーコンピュータサイエンス研究所

図**4**－**4**は説明用のパワーポイントの一例だが、基本として一技術について一ページでまとめている。

まず、〈技術概要〉ということでこの技術は何なのかということが一言で記述されている。言ってみれば、ＣＭのキャッチコピーのようなものだ。この例では、ＡＲのための二次元バーコード認識技術ということが記述されている。

続いて〈技術特徴〉として、三点ほどの技術面の特徴が述べられている。技術的にどういう特徴があるのか、類似技術との差異は何かなどが、簡潔に述べられている。それらの理解を助けるために写真が貼られている。

ページの下にはビデオカメラのアイコン

があるが、これはビデオへのリンクであり、研究の際に作成されたビデオが仕込まれている。実際の技術紹介では文書を読み上げるようなことはせず、ビデオを見せて説明したり、実機でデモをしたりして、短い時間でどう説明すればわかりやすいかということを工夫している。

この資料は、いわば営業チラシのようなものであり、技術のエッセンスが凝縮されているものだ。

よく、研究者に技術の説明をしてもらうと、その分野の歴史から始まり、どういう先行研究があって、その中で研究者本人はどういう工夫をしたのかという話を、一時間ぐらい延々とプレゼンされることがある。その技術自体に興味がある人にとっては価値のある話ではあるが、初めてその技術の説明を聞く人にとっては、不要な情報がたくさん含まれている。別の見方をすると、研究者のプレゼンは、「どうしてできるか」という仕組みの説明がメインになるが、研究営業の説明は、「何ができるか」という点に焦点を絞っているといえる。

テクノロジータグでFAQを図示

この資料の特徴の一つとして、図**4-4**の右上についているタグのようなマークがある。これをテクノロジータグと呼んでいる。よく質問を受けるような事項（FAQ）を図示したものである。

タグには、この研究をしている研究者の名前、そして主要な論文や特許が出された年号が入っている。またタグの色によって、東京の研究なのか、パリの研究なのか、あるいはすでにどこかに移管されてアフターサービス状態に入っているものなのか、ということが区分されている。

さらに、四つのアイコンが用意されている（図4-5）。

一つ目は鍵のアイコンで、研究がまだ社外秘であることを示している。

二つ目が、紙袋のアイコンで、すでに商品化、実サービス化されていることを示している。

三つ目は、スーパーなどで配られている試食のケーキのアイコンで、その技術のサンプル版（試用版ソフトなど）が提供可能な状態であることを示している。ソフトウェア技術については、自分たちのデータで評価しなければ有効性を信じないケースも多く、評価用サンプル版があることにより、評価を促すことができる。

そして四つ目が、「コラボマーク」である。研究者と開発本部がコラボを開始しているケース、すでに移管してアフターサービス状態に入っているケースもある。そのため、どことコラボをしているかを示しているのである。

こういった基本的な情報とともにデモに必要なビデオやサイトなどもリンクされており、技術情報が整理されている。つまり、その技術について必要な最小限の情報がパッケージさ

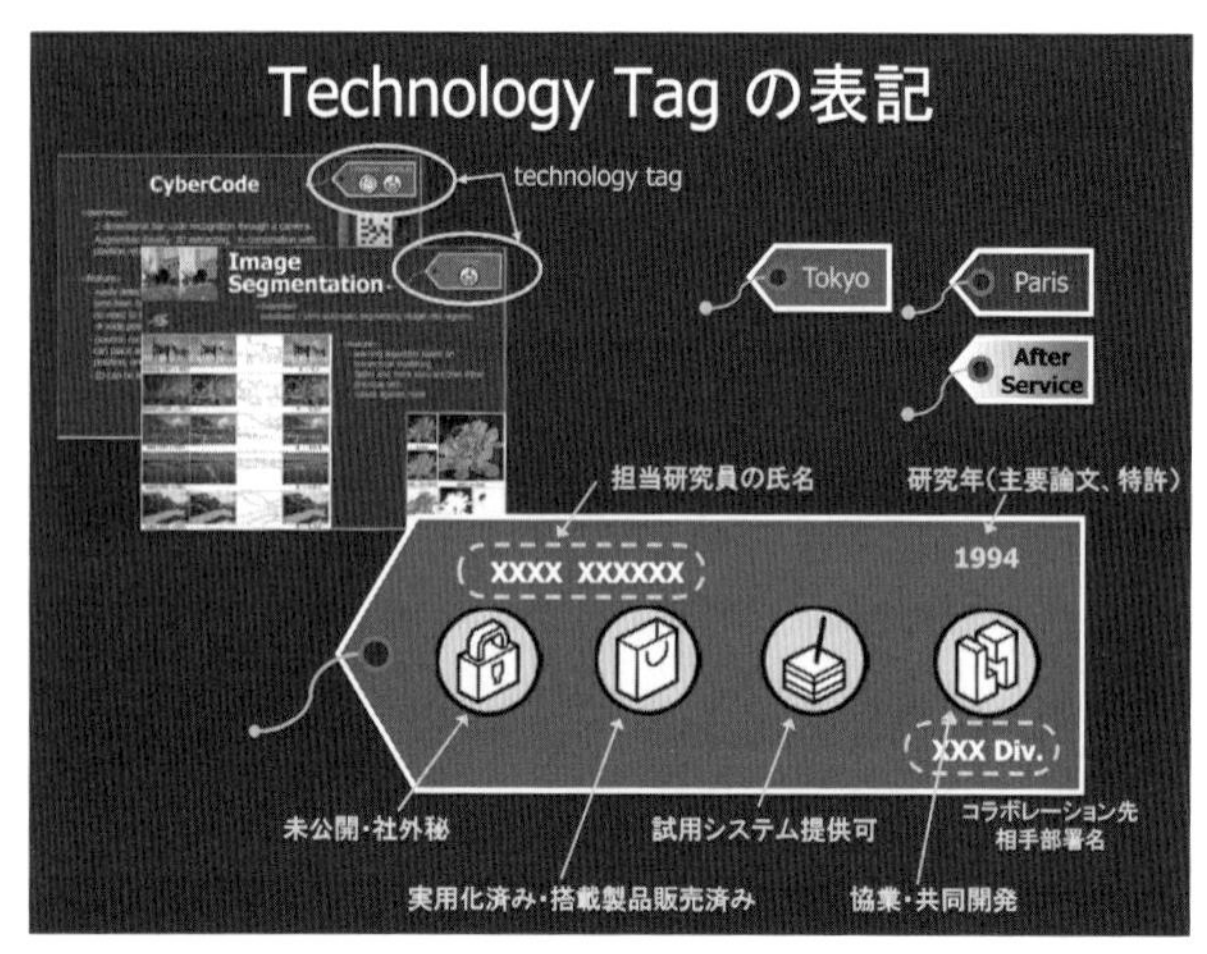

図4–5　Technology Tag
（出所）株式会社ソニーコンピュータサイエンス研究所

れたものなのである。

ＴＰＯは、発足して一〇年になるが、このプレゼンは、過去の研究の集積もあり、二〇一五年現在で、実に二四五ページものボリュームがある。またこの形も、一〇年間に延べ五〇〇〇人近くの人にデモを続けてきて出来上がったものだ。テクノロジータグも、同じ質問を何度も聞かれる中で、皆が知りたい情報はアイコン化しようと思いつき、作り上げた。こういった形で、研究成果は整理され、研究営業の営業ツールとして整備されているのである。

3　営業活動

このようにして整備された営業素材をツ

ールとして、実際の営業活動に入る。営業活動は、研究営業のメインの活動であり、これを行うことにより、研究の実用化という研究営業の成果を達成することができるのだ。

〈出張デモンストレーション――研究営業メンバーだけでやりきることがポイント〉

活動のメインに据えられているものは、「出張デモンストレーション」である（図4-6）。一般に技術のデモンストレーションというと、技術者が数人来てプロトタイプについてデモすることを想像するだろうが、私たちの出張デモンストレーションはちょっとスタイルが異なる。

まず、基本は先方に押し掛けるスタイルである。

研究所としては、二年に一度の研究所公開や、社内での技術交換会などへの出展など、一般的な技術展示も行っているが、そこで訴求できることには限りがある。研究所公開の場合、当然、研究者は現在の最新の研究成果を発表している。しかし、商品化の点から見れば、最新の成果が必ずしも今求められている技術とは限らない。例えば、三、四年前の研究こそ事業部が求めているものと合致しているという場合もある。

ソニーCSLのような先端研究所の場合、世界初の研究成果を追究しているので、世の中の環境の変化を先取りしている場合が多い。しかし、事業部が求めているような今の世の中

図4–6　出張デモンストレーションの様子
（出所）株式会社ソニーコンピュータサイエンス研究所

の環境に合っている昔の研究成果は、研究所公開では出てこないのだ。

また、事業部のキーパーソンである設計リーダーや商品リーダーは、例外なくものすごく多忙である。だから、往々にして研究所公開に参加する時間すらないことも多い。

そこで研究営業は、キーパーソンに目星をつけて、押し掛けデモを提案するのである。キーパーソンはいつも次期商品を考えているので、新技術には興味をもっており、一時間ぐらいは時間を割いてくれる。そこで、その一時間を最大限に活用するために、一つの技術について五分ずつぐらいのスピードで一〇件ぐらいの技術を紹介するのである。

そのような短時間では細かい仕組みを説明することはできないので、「どうしてできるか」よりも

「何ができるか」に的を絞ってプレゼンを行う。また、ビデオや実機も使って、いかに短い間に効果的にプレゼンができるかについて腐心している。

もう一つこのデモの際に心がけていることは、TPOメンバーだけでやりきることである。この場に、研究者を動員することは、思いがけない質問にも対応できるので安心ではあるが、営業の心構えとしては失格だと思っている。内容を理解するだけでなく、想定される質問にも答えられるように研究者から十分な情報をもらっておき、営業の人間だけで説明ができるようにしておくべきである。

おそらくこのポイントが、研究営業が成立するうえで最も大事なポイントだと考えている。

ただ、出張デモンストレーションも、いい結果になることもあれば、残念な結果になることもある。ある意味「押しかけ」営業であるから、最初から「うちは間に合っています！」という態度をとられる場合もあるし、デモしている最中に、忙しいからと次々人が出て行って、最後は一人の人だけにデモし続けたこともあった（本当は彼も出て行きたかったが、私たちに悪いと思って残ってくれたのだと思う）。

逆に、二、三年後の事業を考える中期計画を作る時期になると、事業部のほうからデモを依頼されることもある。先方には、一〇人ぐらいの人を集めてもらうことをお願いしており、ターゲットの人だけでなく、そこに参加している誰かが興味を持ってくれることを目指してデモを行うことにしている。

このデモは新人芸人のお笑いライブに近いものと思っている。押しかけてデモをしているのだし、初対面の相手である場合も多い。相手がそもそも興味を持っているわけではなく、逆に関連があるかどうか疑ってかかっている。よって、「いかに心を掴むか」「いかにウケを取るか」「いかに寝かせないか」が勝負だ。要所要所にギャグなどもちりばめており、それぞれの技術の特徴を面白く伝えるということに腐心している。

ただし、さすがにギャグばかり考えているわけではないので、お決まりのパターンに陥ってしまい、二度目のデモをやった時には、「一年前にも夏目さんは同じところで同じギャグを使っていた！」と突っ込まれて恥ずかしい思いをすることもある。よって、毎年新ネタを入れ込んだ新しいストーリーを開発していくことも、継続的なデモのために必要なのである。

〈T-pop News——メールマガジンをデモに来てくれた人だけに送付〉

出張デモンストレーションの際に同時に紹介するのが、「T-pop News」というメールマガジンである。これは毎月、TPOが発行しているもので、日本語版、英語版をソニー内の各組織に配布している（図**4**-**7**）。内容は、研究や技術の紹介、学会報告、イベントやマス

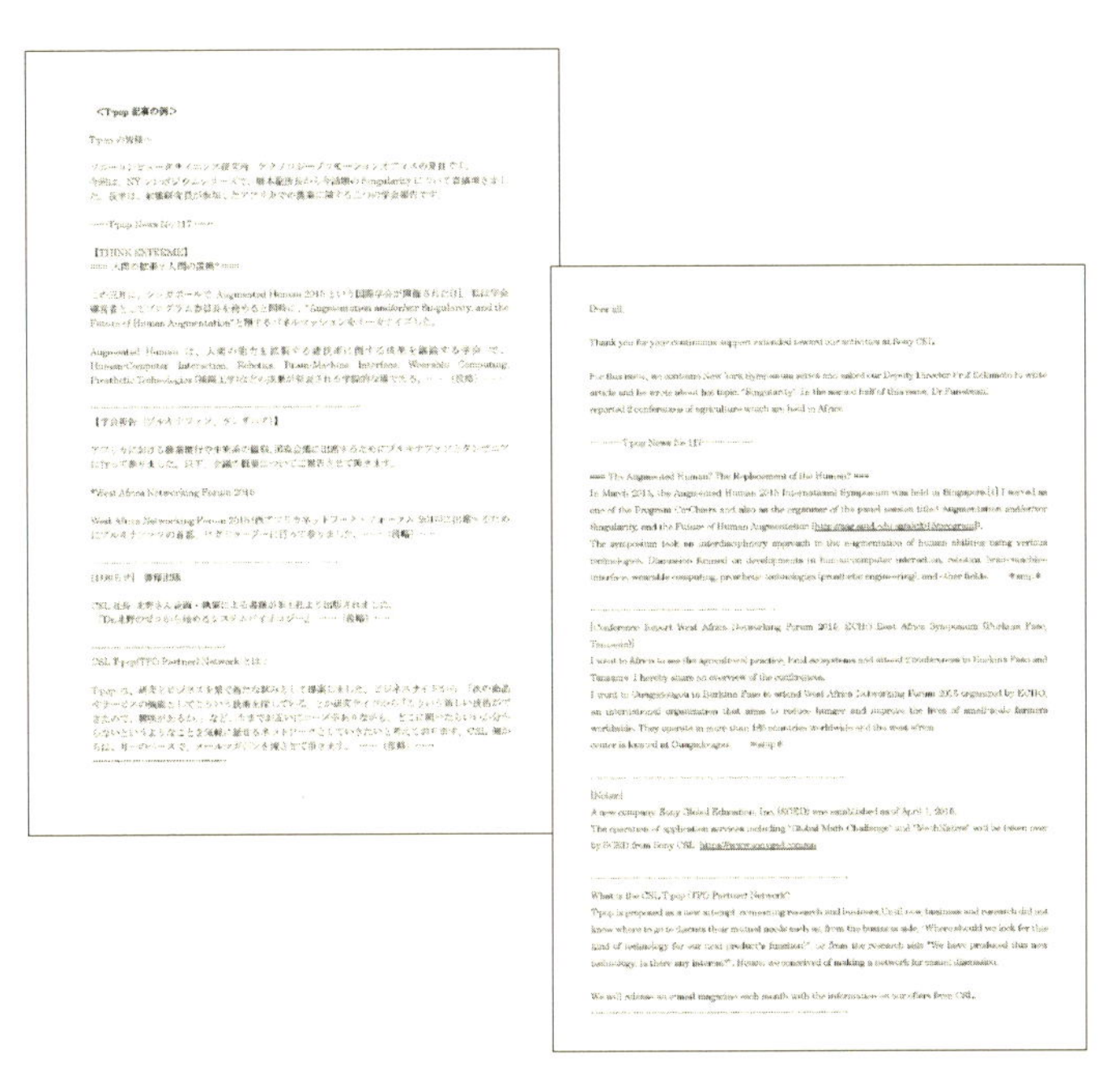
<T-pop 記事の例>

【THINK EXTREME】

Dear all,

Thank you for your continuous support extended toward our activities at Sony CSL.

図4-7　「T-pop News」日本語版2015年3月25日号、「T-pop News」英語版2015年4月3日号より

（出所）株式会社ソニーコンピュータサイエンス研究所

コミ露出など、ソニーCSLからのお知らせで構成しており、かれこれ一〇年間、通算一二〇号あまりを発行している。

このメールマガジンには、重要なポリシーがあり、TPOのデモを、実際にフェイス・トゥ・フェイスで聞いてくれた人にしか送らないことにしている。というのは、知らない人や組織から頼んでもいないのに送られてくるメールマガジンなんて、誰も見るはずもなく、ゴミ箱直行だと思

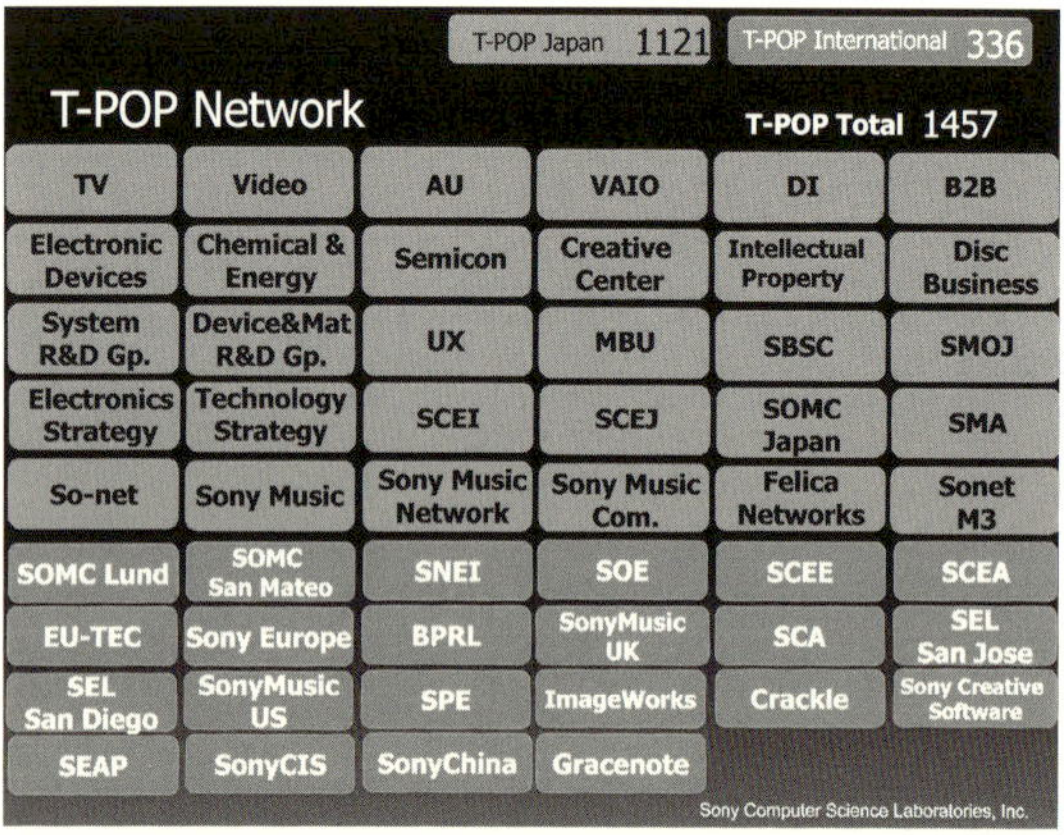

図 4-8　メールマガジンの配布先

（出所）株式会社ソニーコンピュータサイエンス研究所

っているからだ。研究営業にどういうネタがあるか、理解してくれている人だけに送る、プレミアムなメールマガジンにしたいという思いがあるからである。

とはいえ、難しい内容の研究もあり、皆がこれを読んでいるとは期待していない。しかし、毎月メールが送られてくれれば、なんとなくつながり感が維持されるし、何か新しい技術を探している時に、TPOに連絡してもらえる可能性があると思っている。

研究所と事業部では、違ったサイクルで時間が流れており、例えば新製品の発表直前の事業部はてんやわんやだろう。他方、学会論文の締め切り直前の研究者は、殺気だっている。こういう性質の違った組織が緩く長くつながるための仕掛けが、このメールマガジンだと考えている。

実は、このメールマガジンがきっかけで、さらに出張デモンストレーションを頼まれることも多い。出張デモンストレーションとメールマガジンは、システムとしてつながって登録者が徐々に増加していっている。

現在の登録者数は約一五〇〇人である（図4－8）。前述のポリシーから、これだけの人にこの一〇年間にデモをしてきたことを意味する（デモを何回も聞いてくれている人もいるし、アドレスを教えてくれていない人もいるので、デモ参加者は延べで五〇〇〇人ぐらいになっていると思う）。

この中には、ソニー・ミュージックエンタテインメントやソニー・ピクチャーズエンタテインメント、ソニー生命やＰＳのゲーム部隊などもいて、幅広いネットワークを構築している。ＴＰＯの設立前は、ソニーＣＳＬはグループ内での知名度が低い部署だったが、今やソニーの中で最も広範なネットワークを持っている部署と自負している。

4　技術提供合意確認書の重要性

これらの様々な方法で相手の関心を掘り起こし、さらに研究者にも引き合わせて、実際の所」と共に、提供の内容によって、共同研究、原理研究、技術提供、コンセプト提供、知的財産貢献などの記載をお願い致します。また、事前に CSL Collaboration のマークのポスター等への記載をお願いすることがあります。社内での発表の例は以下通りです。

- STEF における展示
- Open House における展示

・社外への発表時には、具体的な記載内容について、事前に話し合いの上調整を行います。特に商標が関連する場合には十分な事前調整が必要です。

- プレスリリース時
- 製品の発表会における展示
- 参考出品の展示

・CSL は、成果達成後、CSL の研究成果としてアピールを行います。ただし、この際には、CSL 及び提供先の技術協力の結果であることを明示します。

7. フィードバックに関してのお願い

・成果達成後、CSL に対して、技術的な意見、市場における成果、ユーザの声などをフィードバックお願い致します。これらのフィードバックは、今後の研究において重要な情報となります。

8. 提供技術

-
-

9. 管理担当者

○○○	○○○部　○○○○企画課
	○○ ○○
E-mail :	xxxx@jp.sony.com
CSL	テクノロジープロモーションオフィス（TPO）
	夏目 哲

技術提供合意確認書

(株)ソニーコンピュータサイエンス研究所(CSL)は、ソニーGroup に対して、積極的に技術提供を行っております。提供にあたり、以下の内容をご確認頂くことを条件としております。この書類は法的拘束力を持つものではなく、紳士協定です。スムースかつ簡素な手続きとするため、サイン、押印等は省いており、双方確認の後、タイムスタンプ付の PDF File を作成し、双方が保管することで合意成立としております。

1. 提供する技術の目的

・ CSL が提供する技術は、直接もしくは間接的に、ソニーGroup のビジネスに貢献することを目的としております。（短期的なビジネス展開が見込めなくても、長期的視野に基づく検討、開発などでも結構です。）

2. 機密情報に関して

・ 開示情報および成果物に関して、紙面および口頭にて秘密である旨が明示されたものについては秘密として保持し、担当部署以外に漏洩しないようお願い致します。

3. 開示情報および成果物の利用に関して

・ 開示情報、成果物及び派生物を提供時と異なる目的で使用する場合には、別途手続きにて条件の再設定を行います。
・ 本件における開示情報、成果物及び派生物を当該部署以外に再移管する再には，事前の連絡を要するものとします。

4. 費用負担について

・ CSL は、当該技術利用についてライセンス料を請求しません。
・ 通常想定される技術移管協力を超える開発作業や試作キット・プログラムの搬送等に要する費用については、CSL と提供先にて協議の上、その実費を請求することがあります。

5. 責任の保証範囲について

・ 提供する技術・情報の適用にあたり万が一損害・不利益が生じた場合においても、責務を求めないものとします。

6. 成果のアピールに関してのお願い

・ 本件による成果物を社内及び社外に発表する際には、CSL 由来の技術が含まれることを明示お願い致します。
・ 社内における発表時には、「研究者氏名、所属ラボ名、ソニーコンピュータサイエンス研究

図 4–9　技術提供合意確認書

（出所）株式会社ソニーコンピュータサイエンス研究所

技術を移管する際には、「技術提供合意確認書」（図**4―9**）というものを取り交わす。これは、技術情報やソフトウェアなどの技術移管に必要な情報を渡す際に、先方と交わす覚書である。移管事例のところでも触れたが、技術を移管する際には、先方も感謝してくれて、「将来商品が出た時には必ずクレジットを入れますよ」と言ってくれるのだが、その後長い時間がかかることもあり、関連する人も組織も変わっていく中で、当初の約束は忘れられてしまい、ソニーCSLから来た技術であることも、情報としては抜け落ちてしまうことが起こりがちだ。そこで、技術を渡す際に約束を文書で交わし、その後もずっと追いかけていくことが必要となる。その基準になるのがこの「技術提供合意確認書」である。

この書類では、秘密情報の取り扱いや費用負担など、技術移管に必要な情報をカバーしているが、さらに迅速に締結できるような工夫も凝らしている。まず、サインやハンコなどアナログなデータを避け、すべての手続きをメールのやりとりで行えるようにしている。内容にすべて合意した後、PDFを作成し、双方が保管することで合意成立としている。

さらに、合意を結ぶ相手の肩書きは限定していない。相手が部長でも担当者でも構わないのである。というより、極力、実際の担当者と合意するように努めている。というのは、部長や部門長は、組織変更で変わることもあるし、またその技術開発をする部隊も組織ごと動いてしまうことがあるからだ。一方、往々にして、その技術を担当している担当者は変わらずに担当していくことが多い。よって、実際の担当者との約束を重視しているのである。

5　ライセンス料や技術使用料についての考え方

もう一つよく聞かれる質問に「費用」の話がある。「ソニーCSLの技術をソニー内で商品やサービスに使う場合、ライセンス料や技術使用料を支払わなければならないのか？」という質問である。これに対しては、「お代はすでに頂戴しているので、追加の費用はいただきません」と答えている。

どういう意味かというと、ソニーCSLは、ソニーの本社から予算をもらっているのだが、この本社の予算は、当然、それぞれの事業部門の売上や利益によって支えられている。つまり、各事業は、間接的にソニーCSLに対して支払いをしてくれているので、そこから生まれた研究成果については、追加の費用は受け取らないのである（ただし、出張費や機材費など、実費を支払ってもらうことはある）。

というより、追加の費用は受け取るべきではないとも考えている。「人は金を出したら口も出したくなる」というのは世の常だと思う。技術ライセンスの対価のような形でお金を受け取れば、当然それに見合うだけのサービスを期待するはずである。「お金をもらっているんだから、これを優先でやってくれ」などと、研究者に対して要求するようなことになったら、本末転倒だ。

研究営業の活動は、研究所全体の成果を向上させることであり、誰が見てもあの研究所は成果を上げている、と認めてもらわなければ継続的な予算は確保できない。そのためにも、どれだけの金銭的な貢献を達成したかという尺度は重要だ。ただ、それを実際のライセンス料という形で収入にすることは絶対に避けなければならないと考えている。「自由な研究を追求できる環境」を死守するためにも、直接技術移管先からお金はもらうべきではないと考えている。

一方で、他社との共同研究の場合は当然、無償というわけにはいかない。これは、決まったやり方があるわけではなくケースバイケースである。ただ、基本は研究者本人が他社とのコラボをやりたいかどうかだ。研究者がやりたくないことを、研究営業が強要することはない。そして、その内容によって、費用の分担、成果の権利関係などを、本社の法務・知財のサポートを得ながら、契約で詰めて実行していく。

また、研究がすでに完了している技術の他社展開では、前述のクウジット社を経由したライセンスという方法論を取っている。例えば、CyberCodeの場合は、研究としては完成しているものの、ソニー以外で使いたいというニーズも多い。研究所ではそのニーズ一つ一つに対応することは難しいため、スピンアウトしたクウジットにライセンスし、さらにクウジットがライセンスと技術サポートを提供することで展開している。

今後、他社との共同研究が増えていくことが予想される中で、研究者の自由な研究環境と契約や権利関係などについてどうバランスをとっていくかは、研究営業の腕の見せどころだと思っている。

6　研究営業の神髄とは——研究営業一〇カ条

ここまで研究営業の様々な方法論を説明してきた。研究者から情報を得て、それを分かりやすく整理して、ビジネス部隊に売り込みを図るために様々な工夫をしていることも説明した。また「T-pop News」を使って幅広い人脈（ネットワーク）を築いていることも重要と述べた。

では、この方法論を忠実に実践すれば、研究の実用化を達成できるのだろうか。

いや、全然ダメである。これだけでは、営業としては全く失格である。

これらの方法論は、スポーツで言えば、基礎体力づくりに当たる。試合に勝つためには、基礎体力づくりは欠かせない。しかし、基礎体力づくりさえすれば試合に勝てると思ったら大間違いだろう。

こうした基礎体力や基本動作を前提に、日々様々な手を繰り出し、フォローし、方向を転換し、また試すということを繰り返して、初めて成果につながっていく。そこには王道はなく、すべてのケースがすべて異なっている。昔の知り合いを訪ねることもあれば、目星をつけた組織に飛び込み営業をすることもある。こちらから提案をすることもあれば、相手から相談を受けることもある。社内だけでなく、社外の力を使うこともある。そういった数々の工夫を続けていくことが必要なのだ。それは、前述のケーススタディを見てもらえれば、理解していただけると思う。

図4-10は二〇〇四年、研究営業の活動を始めた頃に感じたことをモットーとして四カ条にまとめたものだ。

当時、「スピード」「コスト」「誠意」「執念」は、どれも研究営業にとって大事なことだと考えていた。

それからさらに年月が経ち、今回改めて「研究営業一〇カ条」としてまとめてみた。一〇年間の研究営業活動の積み重ねから抽出されてきた教訓である。

TPO Motto	
スピード	Speed
コスト	Cost
誠意	Sincerity
執念	Obsession

図4-10　2004年当時のTPOモットー
（出所）株式会社ソニーコンピュータサイエンス研究所

〈第一条　すべては研究を世に出すタイミングにかかっている〉

先端的研究成果の実用化までには平均で一〇年はかかる。特に世界で初めての研究は、往々にして世の中の環境の変化を先取りしていることが多い。研究営業は、環境の変化をよく見ていて、機が熟した時にその研究を思い出し、それを打ち出す努力をしなければならない。また機が熟したことを判断するために、技術動向や変化を常にアンテナを高くして見ていなければならない。一方、研究者は一つの研究成果にとどまることなく、どんどん新しい研究成果を追究すべきである（例：CyberCode、ＦＥＥＬ）。

〈第二条　必要なコネはなんでも使え〉

研究営業が成果を出せるかどうかは、どれだけ幅広いビジネスのニーズに接しているかにかかっており、そのために社内だけでなく、様々な業界、企業とのネットワークは欠かせない。必要なネットワークのためには、自分たちのネットワークだけでなく、ファウンダーや社長、研究者、知り合いの知り合いまで、必要に応じて使えるネットワークを積極的に使わなければならない（例：半導体製造改善、萌家電、12Pixels、オープンエネルギーシステム）。

〈第三条　組織に対する先入観を持ってはならない〉

「あそこの組織は安泰だから新技術に興味はないだろう」「その組織は全く違う分野だからこちらの技術とは関係ない」などと、相手に会う前から決めつけていることがあるが、実際につながってみると、会う前に考えていたことはだいたい外れており、予想外のマッチングが得られることがある。したがって、先入観を持たず、なるべく多くの組織とつながることが重要である（例：CyberCode、半導体製造改善）。

〈第四条　顧客に対しては、「ほぼ伝わらない」という前提で努力すべし〉

そもそも、ビジネス部隊の日々の業務の中において、研究所の人の話を聞くことは、優先順位でいうと低いだろう。研究営業は、先方の興味がこちらを向いている限られた時間の中で、相手のモチベーションを引き出さなくてはならない。そのためにも、「どうしてできるか」ではなく、まず「何ができるか」を伝えて、相手のやりたいこととのマッチングを図ることが重要である。

〈第五条　メンタルを鍛えよ〉

営業なので、当然、門前払いを食らうこともあるし、知識不足をなじられることもある。「期待はずれだった」「時間の無駄だった」「この程度では検討もできない」などなど、厳しい捨て台詞をもらうこともあるが、それにめげていては研究営業はできない。

〈第六条　前例のないやり方を試せ〉

研究成果の実用化は、前例のない新しい方法の開拓でもある。研究営業は、様々な反対意見や抵抗勢力に遭うこともあるが、研究実用化のためには自らが信じた新しい方法を追求していかなければならない（例：パリ発の音響解析技術EDS、半導体製造改善、アハ体験、クウジット）。

〈第七条　一分一秒でも早く動くべし〉

ビジネス部隊が忙しい業務の中で新技術に興味を持ってくれた、その一瞬のチャンスを逃してはならない。しかし、その関心は、メールで問い合わせがきた時点を一〇〇とすれば、翌日には五〇、二日後には三〇、一週間後には一〇と急速に薄れていく（これを「技術関心半減期」と呼んでいる）。よって、研究営業は、問い合わせを受けたら、一分一秒でも早く対応しなければならない。

〈第八条　技術を移管した後も追い続けるべし〉

研究を開発部隊に移管してから、いくつもの部隊やプロセスを経て商品化されるが、必ずしも私たちから技術を受け取った部隊がずっと関わっているわけではない。研究営業は、渡した技術がどこに行っており、どのような状態にあるかを商品化までしつこく追いかけていくことが重要である（例：VAIO Pocket、ＦＥＥＬ）。

〈第九条　単なる研究営業だけでなく、研究プロデュースを目指すべし〉

どのようにして実用化するか、どのようにして世に出すか、ということを常に自問自答しながら、研究実用化を演出する視点が重要だ。複数の製品分野に話を持ちかけたり、国際規格にしてみたり、イベントを実施してみたり、プリクラ会社と組んだり、タレントを起用したり。受け身ではなく、あらゆる手段を講じてプロデュースをしなければならない（例：アハ体験、萌家電、12Pixels、ＦＥＥＬ、東京国立博物館、オープンエネルギーシステム）。

〈第一〇条　常に研究所のための営業であることを自覚せよ〉

そして最も大事なのが、研究営業は研究者のための機能であることを常に意識し続けること。研究管理や「目利き」といわれるような、研究を外部から評価する立場ではなく、研究所の一組織として、研究者とともに研究が成果を上げることに自分たちも責任を負っていることを自覚していなければならない。

7　研究営業の存在理由

ここまで研究営業の活動と、印象に残っている様々な事例について紹介させていただいた。基本的な営業活動としての「研究成果の仕入れ」「営業資料としての整備」「営業活動」について説明したが、半導体、アハ体験、クウジット、オープンエネルギーシステムの案件を見るとわかるとおり、実用化と一言で言っても、研究内容に応じて千差万別の方法論が存在している。

結局、マニュアルどおりに決まったアプローチで実用化できるわけではなく、研究内容に寄り添い、その都度、実用化の手法を開拓していく必要がある。それは、外部からのサポートという形で実現できるものではなく、研究所の中で、研究者と同じ釜の飯を食いながら、ともに進んでいくという姿勢が非常に重要である。よって、繰り返しになるが、研究営業は、研究所の一機能として、研究所の中にあるべきだと私は考えている。なぜそう考えるのか、改めてこの章の最後に述べてみたい。

時間と空間を超える

まず研究営業の役割は、時間と空間を超えて、研究とビジネスをつないでいくことである。

繰り返し述べているように、研究をしたタイミングが実用化に適したタイミングではない。CSLでの経験では、一〇年前に行った研究が、やっと実用化を迎えるということが多かった。しかし、研究者は一〇年間同じところに留まるべきではなく、もっと先に進んでいるべきだ。でも、以前にやったことを忘れてしまったら、実用化はできない。研究営業は、そういった時間のギャップを埋める役割を持っている。

もう一つは、空間を超えることだ。この場合の空間は、物理的な隔たりもあるが、組織的な隔たりもある。普通、企業研究所であっても、企業の中でつながりがある部署は偏りがちだ。例えば、研究者は、事業部の開発部門などとは頻繁にコンタクトを取っていても、営業部門や製造事業所、またコンテンツ部門や金融部門などの遠いビジネス部隊とはなかなかつながりが持てない。さらに海外のビジネス部隊となるとますます遠い存在になってしまう。しかし、研究実用化のチャンスはどこに転がっているか分からないので、なるべく幅広くいろいろな部署との関係をつくることが、研究実用化の確率を高めることになる。

研究者本人が広範な企業内ネットワークを構築することはできないので、専門の研究営業がそれを構築し、維持する必要があると考える。

研究者と研究営業の役割分担

様々な事例で紹介したとおり、ＣＳＬでは研究者と研究営業は役割を分担しながら研究の実用化を目指している。これは研究に限った話ではなく、様々な分野でみることができる。例えば、作家に対しての編集者、映画監督に対してのプロデューサーなど、とがった才能に対して、客観的に理解した上で、世の中に伝えるための工夫を盛り込む人がタッグを組んでいる。

彼らは、作家や監督の仕事を理解できるだけでなく、どのようなタイトルにするかや、どんなプロモーションを展開するかという、人に伝えることの専門的な能力が求められている。研究営業も、研究者の仕事を理解しながら、それをどのように人に伝えるべきか、どのようにすれば実用化できるかを考えるプロであるべきだ。

また、研究者にとっては、自身の技術の実用化というのは、それほどの頻度で訪れる機会ではないが、研究営業は、複数の案件に関わるので、おのずと研究の実用化に関わる件数が多くなる。そうすると、その方法論やノウハウが研究営業の中に蓄積され、新たな研究の実用化においても効果を発揮できるようになるのである。

研究営業は研究所の中にあるべき

これまた繰り返しになるが、研究営業は、研究所の中にあるべきものである。研究企画や研究戦略といった、研究をサポートする組織を研究所の外部に持つ場合も多いと思うが、そうすると研究所とは別の組織が、ある意味「監督」や「お手伝い」をすることになる。それは当事者ではなく、第三者的な立場であり、研究者との距離もそれだけ離れてしまうことになる。それでは、研究実用化をスムーズに実施することはできないと思う。

したがって、同じ研究所長のもと、研究者と正に一体となって進むことが非常に大事だと考える。

研究営業を超えた研究営業

次に、「研究営業」という立ち位置の問題である。研究営業は、研究実用化という結果にコミットしている。研究企画という組織を持つ研究所は多いと思うが、研究企画というのは、ある意味で「上から目線」であり、何に対して責任を負っているのか明確ではない。営業である以上、営業成果を上げているかどうかが求められており、それは研究成果の実用化を成し遂げたかどうかということで判断される。もちろん営業として売りやすい研究、売りにくくい研究は存在するが、その業務が難しければ難しいほど、営業の腕の見せどころではないだろうか。

そして、研究営業だけで、研究の説明ができるようになることは、営業としての基本中の基本である（商品の営業でも、説明するたびに設計者を顧客のところに連れて行かなければ説明できないようでは営業失格だろう。それと同じだ）。

しかし、研究営業というのは、商材を整え、売り込みをすればいいという単純なものでもない。研究によって売り方を変え、実用化のストーリーを描き、またそれを仕掛けなければならない。その役割は、実は「研究営業」という言葉の印象を超えており、「研究実用化プロデュース」ともいうべき機能が求められている。

実は、本書の企画を検討する中で、実際のＴＰＯが果たしている役割を考えると、「研究営業」ではなく「研究プロデュース」と打ち出すべきではないかという意見もあった。

しかし、私はあくまで「研究営業」という言葉にこだわり、それを本書のキーワードとさせてもらった。それは、通常の企業の営業部であっても、成果を上げているトップセールスマンは、単なる売り込みだけでなく、商材によって手を変え、売り込みのストーリーを描いて実行しているはずであり、「研究営業」もその境地を目指すべきと考えているからである。

私たちは、「トップ研究営業」を目指すべきなのである。

研究営業が研究を変える

そして、研究所に対しての研究営業の貢献として、最も大事な効果は、研究が変わるということである。

研究営業が研究所内に存在するということは、研究所として実用化の出口を用意しているということである。そうすると、研究者としては、論文にまとめるだけでなく、自分の研究が実用化して、世の中の役に立つことをおのずと意識するようになる。自分だけでなく、他人がソフトウェアを使えるように整備したり、技術情報をまとめたりするだけでなく、実際に世の中で使われることを想像して、今までの研究からさらに進んだものにしようと努力をするのだ。その結果、研究の質はいっそう上がり、具体化していく。これは、「研究のための研究」ではなく、「人の役に立つ研究」を行うためには、きわめて大事なことだと思う。

以上のことからも、私は、研究営業はすべての研究所が持つべき機能であると確信している。

第Ⅱ部

研究者からみた研究営業

研究者からみた研究営業をご紹介するために、ソニーCSLの何人かの研究者にインタビューをさせてもらった。聞き手はいずれも筆者（夏目）である。

1 「実用化」と「むちゃぶり」 ――アレクシー・アンドレ研究員

トップバッターとして、21ページでも紹介したアレクシー・アンドレ研究員のインタビューをお送りしよう。

――アレクシーには、いつも「I like TPO」と言ってもらって、感謝しています。さて最初に、研究営業のなかった前職での研究と、今のソニーCSLでの研究について聞かせてください。

私は、ソニーCSLに入る前は、大学の博士課程の学生だったのですが、CSLに入って研究に対する考え方が、かなり変わりました。大学では、研究をして、最終的に論文を書くことが目的になっていました。その後、その研究が世の中の役に立つかどうかということは全く考えていなかったですね。というか、それはハナから諦めていたという感じです。

アレクシー・アンドレ研究員

——それはなぜですか？

要は実用化するための方法がなかったからです。自分の研究が、何かの役に立つと思っても、そこへのパス（道筋）もなければ、方法も分からない。だから、論文を書いて、例えば世の中で使われている既存の手法よりもこういう点が優れていると言いながらも、世の中に出すことはないのだからと、論文を発表しながらも、虚しさを感じていましたね。

——ソニーCSLに入ってみて、大学とかなり違いましたか？

おおいに違いましたね。まずソニーCSLでは、世の中を変えるような実用化を求められているので、何年間も論文を出さなくても実用化の方向に進んでいれば理解してもらえる。そして、研究営業がいて、自分の研究成果を、実用化できるところとつないでくれるので、世の中の役に立つ可能性を感じることができる。そうした点が違いますね。自分の研究が実用化されるかどうかは、その研究の良し悪し次第ですが、実用化の可能性があるということは、研究者のモチベーションを大きく上げると思います。

——アレクシーの研究にとって研究営業の意義は何ですか？

二つあると思います。一つ目は、今言ったとおり、実用化の可能性を念頭に置いて研究すること。実用化の可能性があるかないかを意識することは、研究にも大きな影響があります。例えば、ソフトウェアのデモを行う場合、学会発表だったら、自分のＰＣ上だけで動けばいいのですが、実用化を意識すると、当然、誰かに渡して使ってもらうことを考えなくてはなりません。商用ソフトではないにしても、それなりに他の人が使うことを意識した作りになり、また渡せるパッケージにすることを考えると思います。

もう一つは、思いもしなかった「むちゃぶり」ですね。「誰も見たことがないようなエネルギーの可視化をしてほしい（オープンエネルギーシステムプロジェクトで実装）」「会議が盛り上がるようなネットシステムがほしい（ＴＰＯ主催会議で利用）」「ロゴには見えないロゴがほしい」「いっさい文字を使わないマニュアルがほしい」など、むちゃくちゃな相談がよく持ち込まれるのですが、それが研究的に面白かったりする。そういう意味でもＴＰＯには感謝していますよ！

2　研究の実用化における大学と企業研究所の違い
――暦本純一副所長

続いてソニーCSLの副所長であり、東京大学の教授でもある暦本純一に聞いてみよう。

――暦本さんは、研究営業ができる前からCSLにいらっしゃるのですが、TPO設立の前と後で、どういう違いがありますか？

一つは、CSLのソニー社内での知名度が上がったことがありますね。以前は、ソニーCSLはある意味で敷居が高い研究所で、「すごい研究をしているけれど、ソニーの事業には関係がない」と考えている人も多くて、下手をすると、ソニーには役に立たない研究所という考えを持たれる可能性があった。TPO設立以降は、そういう議論が全く出なくなりましたね。また、TPOのデモや「T-pop News」のおかげもあって、初対面の人でも、ソニーCSLを知っているという人が確実に増えたと思います。

もう一つは、研究の手離れがよくなったことですね。以前は、研究成果を渡しても、社内の展示会でソニーCSLに言及されていなかったり、商品化されてもクレジットが入っていなかったりして、研究成果が渡した先方のものになってしまい、ソニーCSLの研究や努力

暦本純一副所長

がなかったことになるという不安があったんですよね。それを防ぐために、全部渡さないで、関係が切れないようにしたり、向こうに顔を出すようにして関係をアピールする必要があったのだけれど、「技術提供合意確認書」や「コラボマーク」を研究営業がシステマティックに導入してくれたので、無理なアピールをする必要がなくなったのは大きいですね。

——研究営業としては、大和ハウスなど外部の会社とのコラボを進めていますが、研究への影響はありますか？

やはりいろいろな産業とつながることは、研究にとっては非常に意味がありますね。例えば、大和ハウスから建築業界の視点に立った情報をもらうと、新しいアイデアを思いつくこともあり、発想が広がるメリットがあります。

——暦本さんは、大学教授とソニーCSLの研究員を兼務されていますが、特に研究の実用化において、大学と企業研究所の違いはどんなところでしょうか？

大学での研究の実用化は、教授の考え方次第のところがあります。今の大学だと、研究を実用化するには、企業と共同研究をするか、スピンアウトで会社を設立して事業化を図るしかないと思うのですが、そういったことに興味のない教授も多い。大学の主たる目的としては、学生を教育し、研究に取り組ませて論文を書かせて卒業させることであり、これだけでも大変なので、他のことに関心が回らないのでしょう。だから、実用化の観点では、企業研究所のほうがチャンスは大きいと思いますね。

——企業と大学との共同研究（産学連携）は、実際はどうなんですか？

実際は非常に難しいですね。権利の確定や契約や費用の話など、研究を始める前にやらなくてはいけないことがたくさんある上に、やった結果が当初の予想どおりになるとは限りません。研究成果が中途半端で企業側が受け取りを拒否することもあります。研究成果というのは、きっちり決めて出すというより、ゆるく広くつながっている中で出てくるものなので、研究営業がやっているように、ビジネス側のニーズと研究側のシーズを広くつなげるプロセスがあって、ニーズとシーズが一致して初めて共同研究を始めるというやり方がいいと思います。

――そのためには、研究の棚卸が欠かせないわけですが、それは大学でも可能なんでしょうか？

これまた難しいと思います。東京大学でも一〇〇〇以上の研究室があって、それぞれ複数の研究を進めているので、それを全部カバーするには非常に大きな組織が必要ですね。ソニーCSLのTPOも現在のサイズの研究所だからできている部分もあるので、そうすると、大学の場合も学部か学科単位で研究営業を持たないと無理でしょうね。

3 「論文も書くけれど、実際に世の中の役に立つところまでやる」
――磯崎隆司研究員

最後は、他の企業の研究所から移ってきた磯崎隆司研究員のインタビューである。

――磯崎さんは、他の企業の研究所から移ってこられたのですが、前職と現在の違いはどんな点ですか？

前の職場は、企業の研究部門だったのですが、研究営業専任のような機能はなかったように思います。実は前職の時に、そのような専門的機能が必要だと部門長レベルのマネジメン

磯崎隆司研究員

トに提案したことがあったので、ソニーCSLに移ってきたときにそうした機能があることがわかって、たいへん驚くとともにうれしかったですね。

——前の職場では、技術移管はどうされていたのですか？

いろいろなケースがありました。印象としては、最初は研究所からの提案で移管するケースもあったのですが、それがしだいにビジネス側からのニーズに合わせて研究をするようなケースが増えていったように思います。また、現業に直結している研究が実用化の確率が高いのに比べて、現業と離れた新しい研究は、実用化がなかなか難しかったと思います。私はそうした研究をやっていたので、かなり厳しかったですね。

——ビジネス部隊とのつながりはどうだったの

ですか？

例えば、研究本部からビジネス部隊へ異動した人から、研究本部側の知り合いを通じて私に声がかかり、一緒に具体的な開発や協業をしたことがありました。そのように、たまたま同じ職場にいたという人間関係を頼っていたことからわかるように、システマティックにつながっている感じではなかったと思います。そういう意味で、専門的な研究営業の必要性を当時から感じていました。

――最近はデータ解析の実用展開について、我々もサポートさせていただき、グループ企業内のプロジェクトもいろいろ進めていますが、研究営業が磯崎さんの研究に対して影響を与えているようなこともありますか？

私の研究はデータに触れることが必須なので、様々なデータに触れられることは、研究にもたいへん役立っています。大学の先生などは、「データが欲しい」「データをもらいたい」と言っている人もいるようなので、グループ会社内のいろいろな事業のデータにアクセスできることは、非常にありがたいと思っています。また、いろいろ性質の異なるデータ解析を行う中で、共通のボトルネックが浮かび上がってきて、今後の研究で取り組むべき優先順位が明確になることも、重要なことだと感じています。

――ビジネス部隊と交流する中で、何か感じたことはありますか？

先日、あるグループ企業に技術紹介をしたときに、先方の心に刺さったような気がした言葉があります。それは「論文も書く（つまり最先端のとがった技術を持っている）けれど、それだけでは飽き足らない。実際に世の中の役に立つところまでやるのがソニーCSLの研究者なんです」と言ったら、先方が大きくうなずいてくれた気がしました。

おそらく先方は、ソニーCSLは基礎研究所なので、研究成果を実際のビジネスに適用することには興味がないのではないかと思っていたようですが、そうではないことを説明したので、納得してくれたのだと思います。研究から距離のある現場の人には、研究者とは一緒に仕事はできないだろうという先入観も多少はあるようなので、なかなか簡単にはつながらない気がします。だからこそ我々のような研究者とビジネスの最前線を積極的につないでくれる研究営業の存在は、非常に大きいと思います。

第Ⅲ部

技術経営の視点から

第1章　TPO設立以前

設立当初は研究所の「プッシュ」による商品開発だった

一九八七年七月、慶應義塾大学の助教授であった私（所）をソニー株式会社でNeWSワークステーション事業を担当していた土井利忠が訪ねてきた。当時コンピュータ関連技術でやや出遅れていたソニーの技術力向上のためにソニーに来てほしい、と言う。私は、それなら世界一の研究所を作りませんか？と逆提案し、これがソニーに受け入れられ、一九八八年、土井と共同で株式会社ソニーコンピュータサイエンス研究所（ソニーCSL）を設立し、大学と兼務する形で運営に携わることとなった（詳しくは『天才・異才が飛び出すソニーの不思議な研究所』（日経BP社）参照のこと）。

私の研究所運営の初期の戦略は、「ソニー本社で目立たないようにしながら、できるだけ早く外部での評価を確立すること」だった。元来、ビジネスの基本は利益を上げることであり、変化が激しいビジネス状況の中、基礎研究や先端研究に関する評価を本社組織に求めることは難しい。その中で、企業の長期的な利益に貢献することを目的に、現業の守備範囲を超えた「新規事業領域」の立ち上げを目指して基礎研究や先端研究を継続的に行うためには、外部、すなわち、基礎研究や先端研究を評価できるコミュニティの評価を得て、これをベースに研究所の社内的な存在意義を示し、そののちの新規事業領域の立ち上げと商品開発への貢献につなぐ必要があると考えていたからである。これは、私が大学において数多くの企業との共同・受託研究を行い、また、海外での経験によって体得していた知見である。

さて、ソニーCSLは、そのような戦略のもと、OSやインターネット、ユーザーインタフェースなどの研究を行い、徐々に国際的な評価を得るようになってきた。その一つに横手靖彦らによる「分散オブジェクト指向OS　APERTOS」がある。「分散」とはネットワークで接続された複数の計算機を統合して稼動させることであり、「オブジェクト指向」とは（サブルーチンのような命令の列としてではなく）、オブジェクトとよばれる自律的に動作するプログラムを単位としてソフトウェアを構成する技術である。当時、アプリケーションプログラムをオブジェクト指向で作ろうという試みは世界各所で始まっていたが、分散システム、しかもOSを作ろうというのは世界初の試みであり、たいへん野心的なプロジェクトであった。

APERTOSを商品に搭載し、ソニーの標準OSとすることを目標に、本社役員を兼ねていた土井社長（当時）の強力なサポートにより、竹内彰一をリーダーとして、横手ら数名の研究者・技術者が一九九六年に本社に転出した。その後、名称をAPERIOSに変更し、ソニー初の衛星放送受信端末（Set-Top Box）や犬型ペットロボットAIBOのOSとして商品デビューを果たした。

APERIOSは数年後にオープンソースソフトウェアの台頭により開発継続を断念することとなったが、その技術は横手本人を含む多くのAPERIOSチームメンバーにより、ソニー・コンピュータエンタテインメントのPlayStation 3の基本OSの開発へと受け継がれ、PlayStation 3の世界制覇への一翼を担った。

また、寺岡文男によるMobile IP、塩野崎敦のReal-Time Protocolなどの技術をベースに、実時間音声・ビデオ情報の効率的伝送を目指したAMINETプロジェクトを立ち上げ、一九九九年以降、研究者・技術者ごと本社に移管し、商品化を目指した。このケースでは、寺岡、塩野崎はソニーCSLにとどまった。AMINETプロジェクトは本社において具体的な商品にはつながらなかったが、当時遅れをとっていたソニーの家電商品のインターネット対応を加速することができた。

これらは、冷静に観察すると、「研究所」あるいは「研究」側のプッシュによるリニアモデルを目指していたことがわかる。リニアモデルとは、研究所で開発された一つの画期的な新技術をもとに、商品化に必要な関連技術を社内で開発し、これらを用いた数多くの商品が発売され、利益を生むというモデルである。

一九九〇年代当時は、まだ右肩上がりの経済が期待でき、成長戦略が正しいと考えられていた時代だった。したがって、APERIOSやAMINETの戦略は当時としては妥当なものであったと言える。ソニーは、これらの技術・商品開発を新たなコアコンピタンスとして、事業領域を新規あるいは隣接領域へと拡大してゆくことができた。

一方で、暦本純一は豊かな発想をもとに、ユーザーインタフェースに関する数多くの特許を出願し、また、世界トップレベルのジャーナルにおける出版や国際会議での講演を行い、時代の寵児となり始めていた。他にも、増井俊之、フランソワ・パシェ、ブライアン・クラークソン、茂木健一郎、イワン・プピレフなどのスターを輩出し、たいへんユニークな研究成果を上げ、特許出願、論文発表、国際会議講演など、活発に活動した。そして、二〇〇〇年を過ぎるころには、数多くの特許を保有することとなった。しかしながら、なかなか商品につながらない状況だった。

「穴だらけのジグソーパズル」と「宝の持ち腐れ」

優れた研究であっても、必ずしも商品に結びつくものではない。その理由の一つは、時代が進むにつれ、一つの研究成果による画期的な新技術だけで商品が作れなくなってきたことにある。すなわち、専門性が異なるいくつかの技術を組み合わせないと、最終商品が構成できなくなってきたのである。例えば、先進的なテレビの開発には、高性能な液晶パネルだけでなく、バックライトの技術、高性能半導体の技術、通信・インターネットの技術など、すべてが組み合わさってはじめて可能となるのである。

目標とする商品のための関連の技術をすべて持っており、当該の研究成果がジグソーパズルの最後のピースになっていれば商品がすぐに作れる。でも、普通は逆であり、研究成果が先進的であればあるほど、ジグソーパズルは穴だらけなのである。一つの会社が「他の穴もすべて自分たちで埋めていく」ことは、時間と手間がかかりすぎるため、コスト的に割が合わなくなってきている。これを強引に進めると研究者は関連課題の多さに自信を失い、プロジェクトの資金が底をつき、「開発失敗」となる。

画期的な新技術をもとにして、穴だらけのジグソーパズルを自分たちだけ（社内）で埋めていこうというのは、上で述べたリニアモデルの考え方である。しかしながら、現代の研究開発においては、一つの技術の応用可能領域が多様化し、全く異なった技術との組み合わせや思いもよらない技術との組み合わせが新たな商品を生む。社内の限られた発想で次世代商品を企画し、そのためのすべての技術の開発に投資することは、開発コストが増大するばかりでなく、応用可能な商品の範囲を狭め、手に入れられたであろう利益を減少させてしまう可能性もある。

それではどうするか？　そう、周りがレディーになる（準備ができる）のを待ってから商品開発を進めればよいのだ。すなわち、ジグソーパズルの穴が少なくなってくるのを待つ。「時間遅れを意図的につくって」商品化を進めればよいのだ。我々の経験からすると、その時間は五年から一〇年かかる。

だからと言って、基礎研究がいらないと言っているのではない。基礎研究を行ってきっちりと知的財産権を獲得し、関連するコアコンピタンスを維持し、業界における主導権を確立していくことが利益につながるのである。基礎研究をやめてしまっては、その機会を放棄することになる。多くの大企業が基礎研究所を廃止して基礎研究への投資をやめてしまったのはたいへん残念である。基礎研究をやめるのではなく、適切なコストで基礎研究を行い、これを適切に管理し、他社開発を含めた周囲技術が開発されるのを待って、商品化を開始すればよいのである。

基礎研究は（時間はかかるが）お金はかからない。技術開発は多少のお金がかかる。商品開発は工場の確保や部品・材料の確保、サプライ・セールスチェーンの構築などを含むため、莫大な投資が必要となる。基礎研究や技術開発は適正規模で行う限り製造業において致命的なコストにはならないのである。

ところが、発明から五年から一〇年経ち、商品化がそろそろ可能となる時点では、研究者は次の研究テーマ（あるいは次の次かもしれない）に挑戦しており、昔の研究成果の商品化に時間を割けない状況になっていることが普通である。その結果、せっかくの研究成果が活かせず、いずれ他社が同様な商品を作り始め、それを横目で見て悔しがる、ということが起こる。すなわち、「宝の持ち腐れ」である。研究マネジメントは、タイミングを見計らってその技術の商品化を進めなければならない。

第2章　死の谷の克服

事業経営とイノベーション

時は多少前後するが、ソニーCSL設立より九年を経た一九九七年に私は慶應義塾大学を退職し、ソニー株式会社に入社して技術担当役員に就任し、ソニー全社の技術経営を担当することになった。すなわち、それまでは研究者の側から研究や開発を見ていたが、事業経営の側から研究や開発を見ることとなったわけである。このような二つの異なった視点から研究や開発経験することができたことは私にとって幸運であった。

ここで、事業経営とイノベーションの関係を振り返ってみよう。ピーター・ドラッカー（『現代の経営』）によれば、「事業の目的は顧客の創造であり、顧客の創造はマーケティング

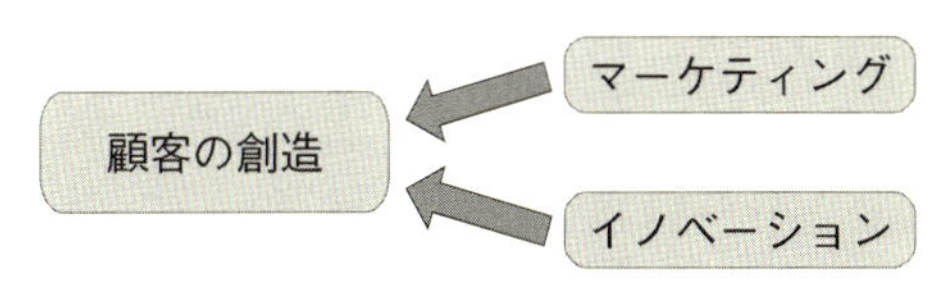

図Ⅲ−1　事業の目的

（出所）所眞理雄／株式会社ソニーコンピュータサイエンス研究所

とイノベーションによってもたらされる」とある。事業の目的については、「価値の創造」であるとか、「利益の創出」であるとか、諸説があるが、ドラッカーは「顧客」がいなければモノは売れないことをいち早く見抜き、そのためにはマーケティングによる顧客創造とイノベーションによる顧客創造を有機的に連携させて行わなければならない、と断言したのである（図Ⅲ−1）。

「マーケティング」はよく「市場調査」と訳されてしまうことがあるが、フィリップ・コトラーは、マーケティングとは「市場創造」であるとし、「顧客が求める商品やサービスに対する潜在的な需要を把握し、販売につながる活動を行うことである」とした（『コトラーの戦略的マーケティング』）。

一方、「イノベーション」はよく「技術革新」と訳されてしまうが、ご本家ジョセフ・シュンペーターは、イノベーションとは「新たな技術やいくつかの技術・プロセスの新たな組み合わせにより、社会的・経済的な変革をもたらす価値の創造である」とした（『経済発展の理論』）。すなわち、イノベーションとはある特定の会社が短期的利益を得るような価値の創造ではなく、社会的・経済的な変革をもたらす価値の創造でなければならないことを示している。その例は、蒸気機関であり、航空機であり、エレクトロニクスであり、コンピュータであり、インターネットであり、移動無線通信（携帯電話・スマートフォン）である。

これらに対する最初の発明から、社会・経済の変革が顕在化するまでに長ければ一〇〇年、短くとも三〇年以上かかっている。最初の発明（ジグソーパズルの核となるピース）の後、関連する技術（周囲のピース）が徐々に育ってきて、それらが統合されて、幅広い分野における人々の暮らしに役立つようになる、それが本来のイノベーションなのだ。最初の発明者（あるいはその会社）はなかなかその発明による恩恵に浴せないことが多いが、それでも初期の研究開発に加わった会社は市場の拡大とともに大きな成功を収めている場合が多い。

技術の発展過程と時間とコスト

さて、ここで個々の技術の発展過程をマクロにとらえてみよう。それぞれの技術は、黎明期（基礎研究）、発展・成長期（技術開発）、完成・衰退期（改良・保守）を経てその一生を終え、時には他の技術によって代替されていく（図Ⅲ-**2**）。

黎明期に行われる基礎研究は、通常、個人の創造性によるところが大きく、研究期間は長

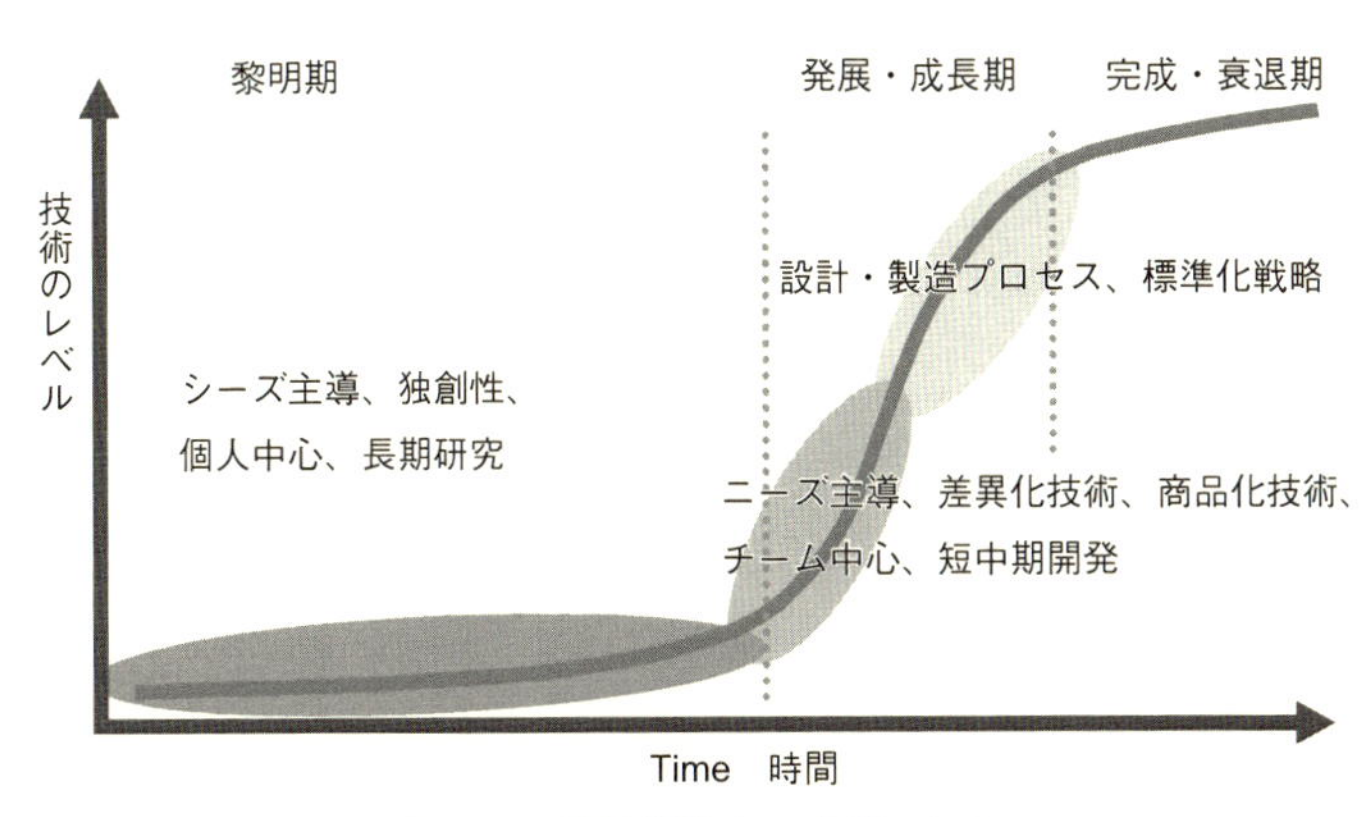

図Ⅲ−2　研究投資とマネジメント

（出所）所眞理雄／株式会社ソニーコンピュータサイエンス研究所

期にわたり、なかなか計画が立ちにくいところがある。一方で、研究自体は、一人あるいは数人で行われ、そのための研究経費は通常きわめて小さい。例えば、コンピュータと簡単な実験装置と国外出張旅費があれば十分、といったものもある。ただし、核融合とか宇宙の起源を探る、といった理系ビッグサイエンスの領域はこの限りではないが、企業が単独で投資する基礎研究ではないだろう。

発展・成長期は商品化のフェーズであるが、これは細かく見ると二つのフェーズからなることが分かる。最初のフェーズは何しろ早く商品を作って市場に出すことにより、先行者利益を得ようとするフェーズである。開発にかかる時間はおおよそ三年が目安だろう。この時期を経て、商品化の課題は製造コスト（設計・製造のプロセス）や製品互換性のための標準化などに移り、それらが継続的利益の確保には必須となる。この時期の開発にかかる時間はおおよそ三年と考えてよい。発展・成長期のそれぞれのフェーズで商品化戦略が大きく異なることを理解しておく必要がある。

発展・成長期ならびに完成・衰退期におけるコストは、商品化のための技術開発と商品の製造である。技術開発は通常、本社研究所内で行われることが多く、一つのチームで五～一〇名程度、それらがいくつか合わさって、一つの製品の技術開発を行う。そのためのコストはほぼその人数をもとに概算でき、基礎研究の一〇倍から数十倍程度であろう。一方、商品化そのものにおいては、製造工場の確保、原材料の確保とサプライチェーンの構築、販売計画、セールスチェーンの構築、などなど、莫大な費用がかかる。量産品の場合、おおむね基礎研究の一〇〇倍から一〇〇〇倍（技術開発の一〇倍から数十倍）かかるのである。

技術開発まではOKでも、商品化において「No Go」が出るのはこのためである。マーケットが成熟していない時期に大きな投資を行うことは企業存立を脅かすことになりかねない。

水平分業とオープン・イノベーション

最初から最後まですべてを自社で開発するリニアモデルは、製造においては「垂直統合モデル」とよばれる。垂直統合モデルの典型例は自動車産業である。製鉄に始まり、エンジン、制御系、半導体設計、商品デザインなど、すべて一社で行う。垂直統合モデルは、資本が集中し（大企業が開発・商品化を行い）、市場をコントロールでき、計画的に大量生産を行う場合において、成功時の利益がきわめて大きいモデルであった。

しかしながら、業界内の競争激化から、一九九〇年以降になると徐々に、関連するすべての開発に研究・開発投資を行えない状況が発生し、並行して、半導体、コンピュータ、電子部品などの専業メーカーの技術力が著しく向上した。この結果、垂直統合モデルは徐々に崩壊し、「水平分業モデル」へと移行するのである。水平分業モデルの典型例は携帯電話・スマートフォンであり、家電製品においてもどんどん水平分業化が進んでいる。近年では、自動車産業においても水平分業への移行が徐々に進み、垂直統合・水平分業のハイブリッドモデルとなっている。

さて、このような大きな時代の流れの中、これまでのようなリニアモデルを志向して基礎研究を行うことは、コストの増大を招き、利益に結び付きにくくなってきた。そして、二一世紀のスタートとほぼ時を同じくして、新たな研究開発のモデルが創出されてきた。これがヘンリー・チェスブロウの言う「オープン・イノベーションモデル」（『オープンイノベーション』）である。自社技術偏重主義（「Not Invented Here（NIH）症候群」とも言う）から

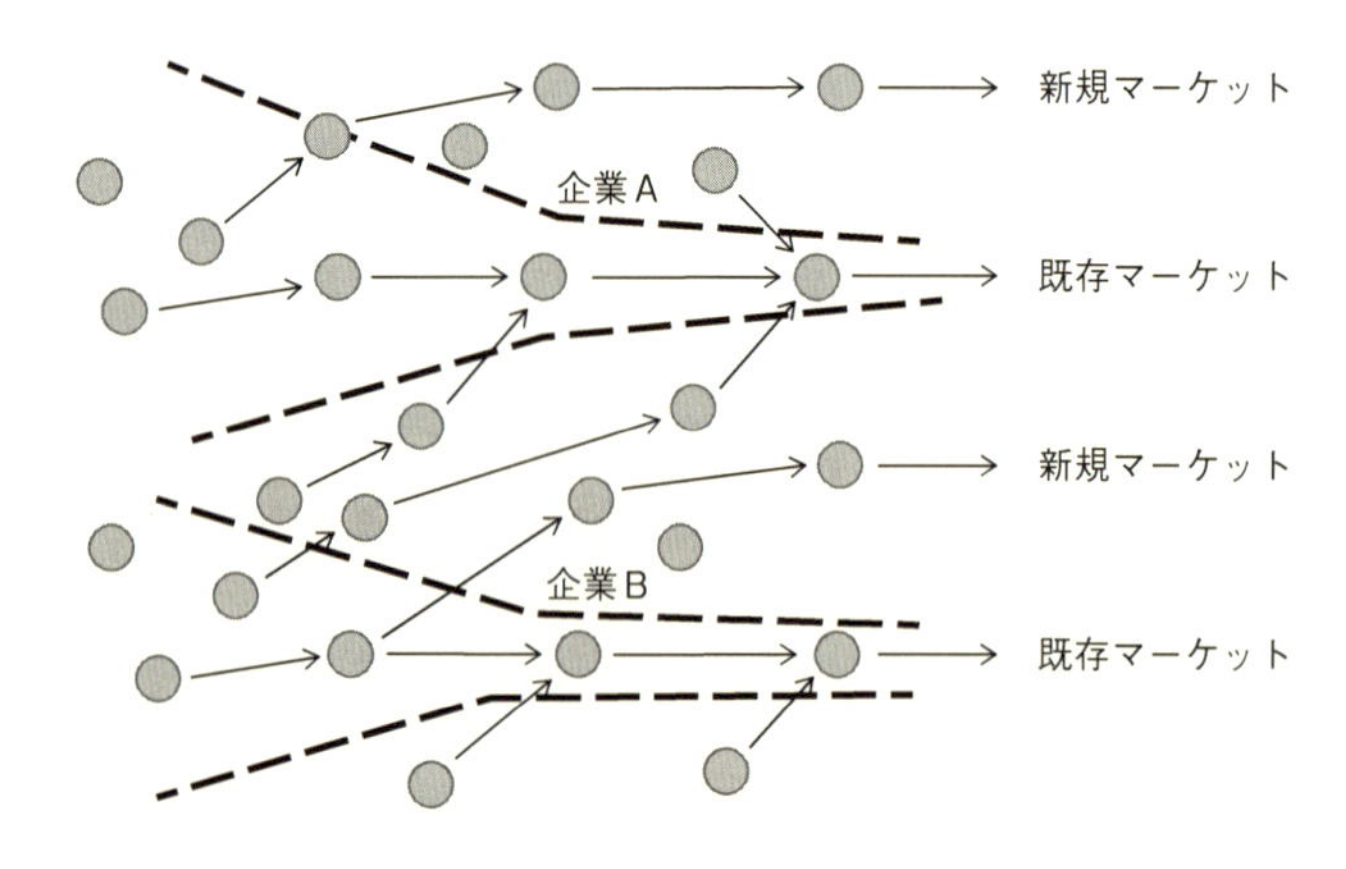

図Ⅲ−3　オープン・イノベーション

（出所）所眞理雄／株式会社ソニーコンピュータサイエンス研究所

脱して、基礎研究、技術開発、商品化のそれぞれのフェーズにおいて、あるいはそれらをまたがって、自社技術と他社技術を融合して商品化を加速するイノベーションの手法である（図Ⅲ−**3**）。技術の組み合わせは無限であるため、そのマッチメーキングをネット上で行うことが一般的になってきている（ドン・タプスコット／アンソニー・ウィリアムス著『ウィキノミクス』）。オープン・イノベーションは、インターネット時代の研究開発手法である。

オープン・イノベーションは研究や技術開発の水平分業化ととらえることができる。これによって、専業化による技術開発の促進が可能であり、加えて、商品化までの時間並びに経費の低減化が実現できる。一方で、いろいろな人が所有する知的財産権を適切に処理し、商品化に

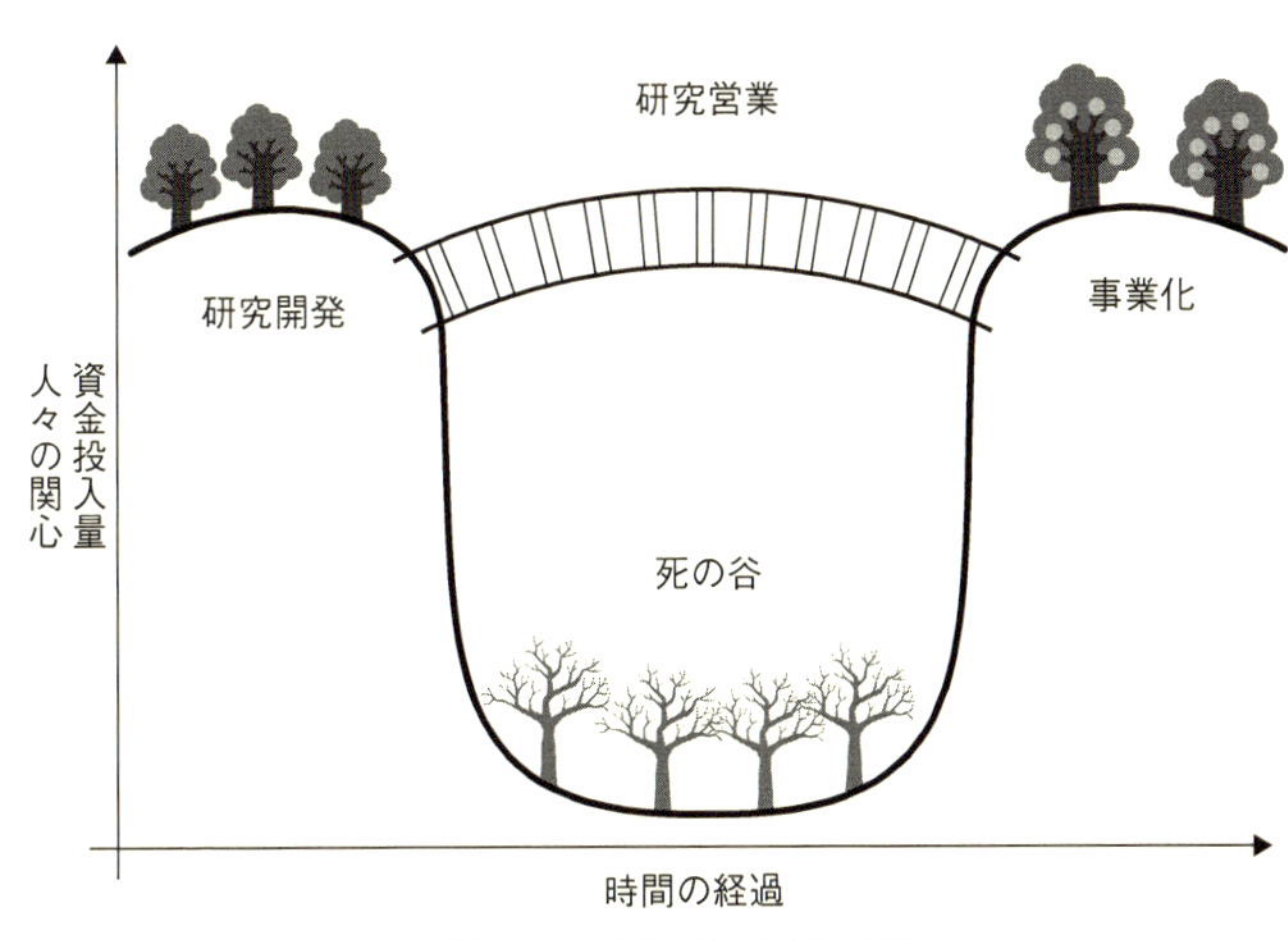

図Ⅲ−4　死の谷（改訂版）

（出所）所眞理雄／株式会社ソニーコンピュータサイエンス研究所

おける対価を正当に評価する必要がある。

また、オープン・イノベーションにより、死の谷は越えやすくなる（図Ⅲ−4）。死の谷の深さは商品化に必要な関連技術の多さ（ジグソーパズルの穴の数）であり、死の谷の幅はそれらが開発されるまでにかかる時間（ジグソーパズルの穴の数が減少するまでの時間）である。オープン・イノベーションによって、関連技術の開発がオープンな形で行われるようになり、その結果、それぞれの技術が商品に活かされる可能性が増加し、またその時期も早まる。

オープン・イノベーションのマネジメント

教科書においてオープン・イノベーションは以上のように説明され、その利点が示され

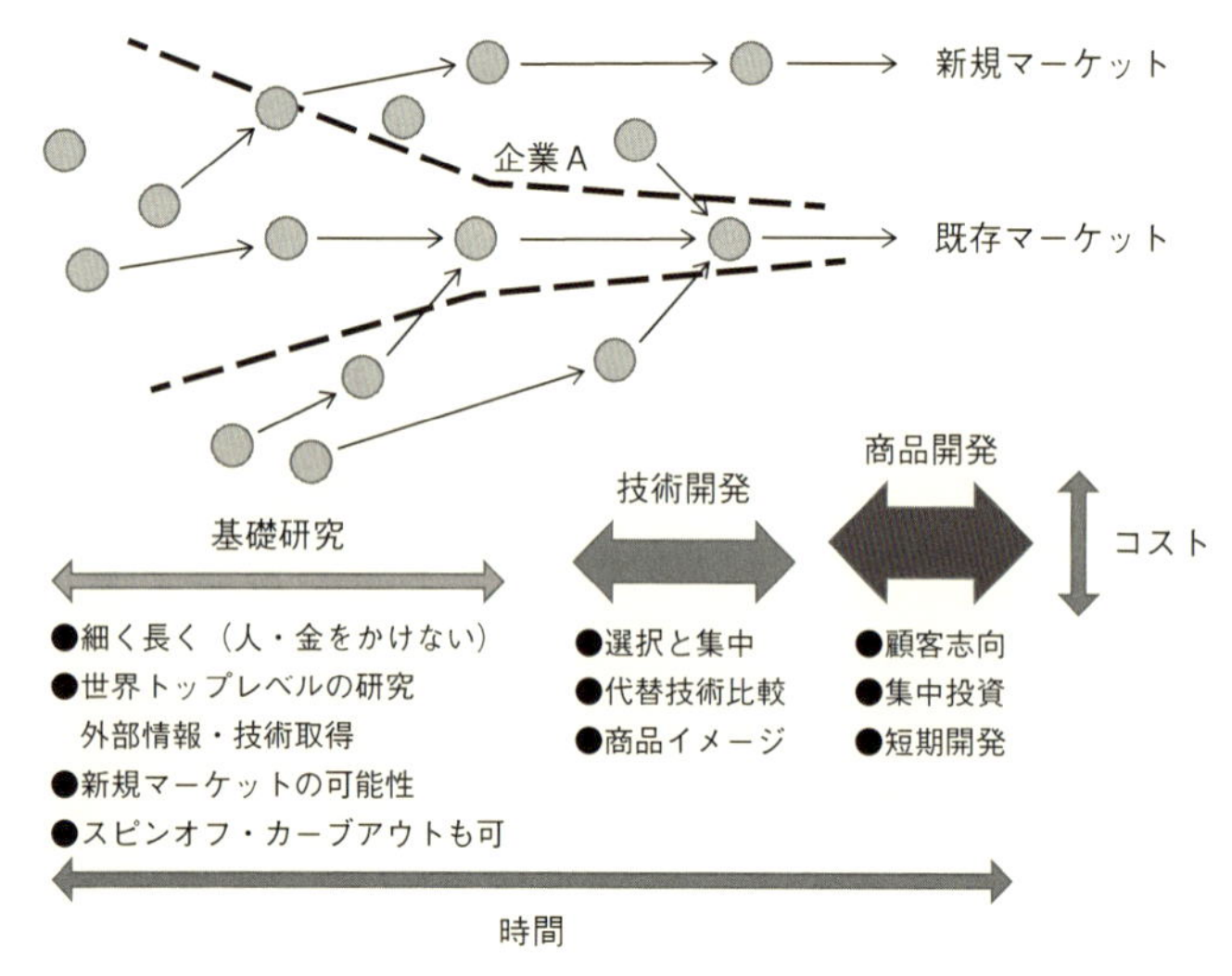

図Ⅲ−5　オープン・イノベーションのマネジメント

（出所）所眞理雄／株式会社ソニーコンピュータサイエンス研究所

ているが、実際に会社の経営に携わり、技術マネジメントを行う側から見ると、オープン・イノベーションを実際に運用するのは容易ではない。商品開発にオープン・イノベーションを有効に活用するためには、社内はもとより、業界、あるいは業界を超えた世の中の技術動向を常にウォッチし、今後想定される商品に対する何枚ものジグソーパズルを描きながら、タイミングをとらえて他社開発の技術を適宜取り込み、商品開発に向かうことである。

一方、研究所で行われた研究の有効利用という面では、研究開発への投資を早期に回収し、次世代の研究開発投資に回すためには、潜在顧客を同定し、営業活動を行うという戦略をとることも考えられる。

いずれにしろ、商品化につながった成果に対する正当な評価を自社あるいは他社に対してアピールしてゆかねばならない。

これらを適切に行うため、まずはじめに、研究や開発の目的、形態、課題などを十分に理解し、研究や開発にかかる時間やコストを適切に把握する必要がある（図Ⅲ－**5**）。そして、過去の発明のメンテナンス、時代に合った形への変更改良、権利の強化を常に行うことである。

技術の側から見ると、死の谷は、お金や人を大量につぎ込むだけではとても越えることができない。このためには、「時」を味方にし、ジグソーパズルの盤面をしっかりと観察しながら、研究や技術開発を支援していくことが必須なのだ。そして、これは、イノベーションの核となる研究に対するマーケティングに他ならないのである。

第3章　ＴＰＯの設立とその意味

ＴＰＯの設立

さて、話を元に戻そう。タイミングを待って、その時がきたら商品化チームを立ち上げて、研究成果を価値に結びつけるにはどうしたらよいのか？

二〇〇四年当時、吉村司という、人間関係構築において類いまれな才能を持った男が本社とソニーＣＳＬを兼務していた。ある日、ソニーコンピュータエンタテインメントヨーロッパへの出張から帰国した吉村が私を訪ねて来た。前出のFourthVIEWの商品化が「No Go」になったというのである。

「ううむ、これはマーケット（顧客と市場規模）の特定ができず、プッシュ型での商品化をいくら提言しても無理だったのだろう」と感じた。打ちひしがれている吉村に対し、私はとっさに、「ソニーCSLが持っている特許はソニーの宝だ。これがすでにたくさんある。これらをソニーやグループ会社の商品に結び付けたい。そのためにTPO（Technology Promotion Office）を作りたい。TPOは技術のマーケティング、セールス、そして商品やサービスをプロデュースする部隊にしたい。ついては、ソニーCSLの技術に惚れ込んでいて、しかも本社やグループ会社で飛び回り、研究マーケティングや営業活動を行い、最終的には商品化チームの立ち上げるビジネスプロデューサーになれる人間はいないか？」と相談した。

吉村は、「分かりました、探してみましょう」と言い、数日後に夏目哲を連れてきた。私は、夏目がシンガポールで政府渉外担当をやっているときに会った後、吉村のプロジェクトへの異動の口利きをした関係で、顔は知っていた。話を聞くと、ソニーCSLの技術に愛着を持っており、これを商品化することに対して並々ならぬ情熱を持っていることがすぐに分かった。それで、すぐに夏目にTPOの仕事を依頼することに決めた。

そこまで決めてしまった後、当時のソニーCSL会長の土井（私は当時、代表取締役社長だった）に相談すると、成果に疑問を持ったようであるが、強く反対されることもなかった。また、本社のR&D管理部門からも、「TPOって何なの？　なんで必要なの？　研究開発管理部門があるじゃないか」という意見が出ていたそうだが、直接私の耳には入ってこなかったので、粛々と設立を進め、二〇〇四年八月に吉村司をアドバイザーとし、夏目をマネージャー、佐々木と綾塚をメンバーとするＴＰＯが無事に設立された。

夏目は私の意を汲んで積極的に活動し、顧客の開拓、研究成果の適切なタイミングでのマーケティング、さらには顧客先や複数顧客先を統合するチームづくりを粘り強く進めた。ＴＰＯの成果はすでに皆さんがお読みになったとおりである。

ＴＰＯ設立の意味

振り返ってみれば、ＴＰＯの設立は研究成果をプッシュするリニアモデル型の研究開発から、研究成果と商品化をメディエートする（研究所側からのプッシュと商品化部隊からのプルをつなぎ、時間差をマネージする）オープン・イノベーションのマネジメントへの流れであり、イノベーションの核となる研究のマーケティングにあったことがわかる。

最初はソニー本社やグループ会社へのマーケティングを対象としていたが、現在はグループ外の会社も視野に入れた大きなイノベーションを目論んでおり、ＴＰＯ設立はリニアモデルからオープン・イノベーションモデルの研究マネジメントへの移行という大きな節目を担ったと言える。その具体例はすでに本書第Ｉ部でご覧いただいたとおりである。

先に述べたように、研究・開発・商品化にかかるコストは一：一〇：一〇〇、あるいはそれ以上、と言われる。ソニーCSLを運営してきた実感としてもそう思う。これを逆に考えてみれば、研究の価値は、研究・開発・商品化がそれぞれ対等であるとした時、一〇〇：一〇：一以上の価値を持っていなければならない、ということになる。そのような価値の意識をもって研究を進めていくことがソニーCSLの使命であると思う。

そして、通常は「研究」と「開発」をひとまとめにして「研究・開発」あるいは「R&D」として考えることが多いと思うが、その特性から見ると、「研究」はあくまでも具体的な商品をイメージしない「研究」であり、成果までの時間が読みにくいのである。であるからこそ、「細く永く」を旨としてマネージしていく必要がある。一方で、「技術開発」と「商品化」はともに商品イメージが明確で、競争相手も特定できる。したがって、集中的にこれを行わなければならない。したがって、「技術開発」と「商品化」をまとめて「開発・商品化」と考えたほうが、時間的な軸を正しくとらえた姿だと思う。

現在、多くの企業研究所は「研究・開発」というくくりの呪縛で振り回されているのかもしれない。ソニーCSLは、その規模からも「研究」に特化でき、そこにTPOを得ることによってそのマーケティングを効率的に行うことができ、結果的にオープン・イノベーションのマネジメントへと早期に舵を切れたということだろう。

おわりに 「越境する」研究営業

最後に夏目が、今後の研究営業の発展について述べたい。

これからの研究営業について考えたとき、「どうなっていくのかは分からない」というのが、私の正直な感想である。研究も世の中もどう変化していくかは予想がつかないので、その中で、精一杯あがいていくしかないと思っている。また、研究営業の手法についても、どんどん変化していくべきだし、またこれから出てくる新しい研究に対しては、常に新しい方法論が必要だと思っている。

とは言いながら、やはり長期的には研究営業をいくつかの方向に発展させていきたいと考えている。そのキーワードは「ACT BEYOND BORDERS（越境し行動する研究所）」である。これは現在の代表取締役社長兼所長の北野宏明が掲げる研究所全体の行動指針であり、それぞれの研究に求められていることでもある。

これまでの研究の多くは、象牙の塔に引きこもり、自分は○○の研究以外は担当外という態度で、世の中とは隔絶したイメージがあるが、ソニーCSLの研究においては、研究者自らが国境を越え、分野を超えて行動し、自分の研究成果を実用化しつつ、さらに研究を深めていくことが求められている。

例えば、前述のエネルギーの研究では、研究所の中でプロトタイプのエネルギーサーバーを作るだけではなく、それを研究者自らがアフリカに持ち込み、ワールドカップのパブリックビューイングという緊張感の溢れる現場で使うことによって、エネルギーの研究に何が本当に必要なのかということを体感してきている。

社長の北野もまさに越境を実践してきた人で、もともと人工知能やロボットという工学分野から、生物学という畑違いの分野に越境しながら、新しい考え方を持ち込んで、「システムバイオロジー」という分野を作り上げてきた。

この考え方は、研究営業の今後にもたいへん重要な指針だと考えている。

〈国境を越境する〉

私たちは以前からパリに研究所（分室）を持っており、また、東京の研究所にも外国籍の研究者が多数在籍している。そもそも研究所内の公用語も英語であることから、日本に縛られてはいない研究所である。研究営業の活動としても、欧州、米州、アジアを含めた活動を以前から行っており、私たちのネットワークは世界中に広がっている。

一方で、エネルギーのプロジェクトで明らかになったのは、発展途上国では、先進国とは異なる技術発展が始まっているという事実だ。これは「Leap Frogging」（カエルとび現象）と呼ばれており、先進国が歩んできた発展段階を通らずに飛び越して、最新技術が発展途上国で普及していく現象が起きているのである。

有名な例は携帯電話で、先進国では、有線電話が普及したあとで携帯電話が普及したので、双方のインフラがあるが、発展途上国では、いきなり携帯電話が普及したため、「有線電話は永久に普及しない」と言われている。

アフリカにおいては、携帯電話で送金ができるウェブマネーという仕組みが普及している。ＡＴＭなどが普及していないアフリカでは、町に出稼ぎに行っている息子が実家に送金する際などにこれが使われているらしい。この仕組みは、先進国ではまだ普及しておらず、ある意味では、先進国を追い越して発展途上国のほうが、より新しい技術を実現していると言える例ではないだろうか。

こういった既存のインフラがなく、また既得権益の反対もないからこそ新しい技術が先進国より先に普及していく現象はさらに増えていくものと思われ、このような情報を研究所にもたらして、新しい研究を生んでいくことも、これからの研究営業には必要だと考えている。

〈業界を越境する〉

ソニーは、家電、ゲーム、金融、エンタテインメントなどの事業を有するコングロマリットであり、広い事業領域を持っているが、もちろんすべての産業に関わっているわけではない。一方で、研究実用化の出口は、必ずしもソニーの事業領域だけとは限らないので、なるべく広い業界と関係を持つことによって、研究実用化の確率は高まる。また、私たちの業種と異業種が、研究段階から交わることによって、より新しいアイデアが生まれてくることもたいへん魅力的なことだと思う。

例えば、現在私たちは、数年前から大和ハウス工業とのコラボを行っているが、住宅業界×コンピュータサイエンスの可能性は、非常にエキサイティングだ。大和ハウスは、壁に人が通れる穴をあけることは簡単にできるが、私たちにはできない。一方で、最新のソフトウェアや小型の電子デバイスを使いこなすことは私たちの得意技だ。その両者の得意技が融合した時に何ができるか、考えるだけでも面白い。

こうしたことは住宅業界だけでなく、自動車業界、食品業界、玩具業界、航空業界などなど、組み合わせの可能性は無限に広がっていると思う。

〈世代を越境する〉

研究営業は、長らく夏目、本條、徳田とアドバイザーの吉村の体制だったが、二〇一五年、CSLの研究成果が拡大していく中で、本條は、総務・広報オフィスのジェネラルマネージャー、徳田は、オープンエネルギーシステムプロジェクトのマネージャーに活動の主体を移していくことになった（TPOとは兼務）。一方で、次の世代にこの活動を引き継いでいくために、二六歳の新人、柏康二郎が新たに参画することになった。彼は、一九八八年つまりCSL設立と同じ年に生まれた新世代の人材であり、世代を超えた新しい研究営業の展開を期待している。

〈ソニーCSLを越境する〉

これまでの研究営業は、ソニーCSLの研究の営業だったが、私たちのような機能を必要としている研究者はもっとたくさんいると思っており、私たちが始めた研究営業という活動を、ソニーCSLの外部にも広げていきたいと考えている。

あとがき

今回、本書の共著者の一人である夏目が本書を書こうと思い立ったのは、今から五年前の研究所公開時の懇親会において、サイテック・コミュニケーションズの由利伸子さんと立ち話をしたことがきっかけだった。実は由利さんは、所ファウンダーとともに『天才・異才が飛び出すソニーの不思議な研究所』を執筆されており、その際にＴＰＯについてもインタビューをしていただいていた。由利さんは、ＴＰＯの仕事の内容をよく覚えていてくださり、他の研究機関と比べてもたいへん変わっていて面白いという指摘をいただいた。

それでいい気になってしまい、ＴＰＯの仕事の内容をまとめてみようと思い立ったのだが、なにぶんこれまで本の執筆など経験がなかったため全く勝手が分からず、皆さんに何度もご指導をいただき、何とか形にすることができた。

本書の執筆作業により、これまでの事例を掘り起こすとともに、今までなんとなく行っていた業務を整理して、研究営業という手法の方法論、成立の経緯、意義などを明確にすることができたと思っている。また、改めて研究者の方々にインタビューをさせていただき、これまで気づいていなかった、研究者からみた研究営業の意義を認識することができたのも大きな成果だった。

今回、ＴＰＯについては、代表で私が執筆させていただいたが、これまで一〇年間にわたって研究営業の活動を支えてくれたのは、第一世代の佐々木貴宏さん、綾塚佑二さん、第二世代の本條陽子さん、徳田佳一さん、そしてＴＰＯ発足のきっかけを作り、さらにその活動をかげにひなたに支えていただいたアドバイザーの吉村司さんのお蔭だと感謝している。

また本書の執筆を即決で後押ししていただき、このような機会を与えてくださった北野宏明社長にも感謝の念に堪えない。

そして、最初から、多くの時間をかけて私の原稿を読んでくださり、議論させていただき、またたくさんのコメントと真剣な指導をいただいた所 眞理雄ファウンダーなくしては、本書は成立しなかったと思っており、深く感謝している。

最後に、本書執筆のきっかけを作ってくださり、初期の段階からご指導いただいたサイテック・コミュニケーションズ代表の由利さん、そして私の稚拙な原稿を根気強く編集・修正していただいた片寄正史さん、福田恭子さんにも感謝の意を表したい。

夏目　哲

＊　＊　＊　＊　＊

私が夏目さんにＴＰＯをお願いした時点では、その運営の具体的なイメージがあったわけではなかった。そんな中、彼は手探りの状態から精力的に研究を営業し、知財の商品化を試み、数々の失敗経験の中から研究営業の一つの形を作り、本書に示すような成果を上げた。彼なしでは研究成果の実用化はここまで進まなかったであろうことは疑う余地がない。また、私自身、彼の行動を見ることによって現場の状況を知ることができ、多くを学ぶことができた。心から感謝したい。

第Ⅲ部は第Ⅰ部の数多くの事例を技術経営の観点から整理した。その結果、「死の谷の克服」や「オープン・イノベーション」の具体的な方法を明確に示すことができたと思う。技術経営や研究営業の本質を理解するうえで多少とも役に立てば幸いである。

もう一度、夏目さん、ありがとう。そして、由利さん、片寄さん、福田さん、タイトなスケジュールの中、原稿を読みやすい形にまとめていただき、心より感謝いたします。

所　眞理雄

夏目 哲（なつめ・てつ）

1988年、東京大学理学部地学科地理学課程卒業後、ソニー株式会社に入社。電子デバイスの生産管理、経営管理、輸出入法律実務に従事する中、シンガポールの生産工場、地域本社に二度にわたり計6年赴任。その後本社事業戦略部を経て、360度全方位・自由視点映像の事業化に参画。その経験の中で、複数の研究実用化を担当する研究プロモーション組織の必要性を実感。2004年に株式会社ソニーコンピュータサイエンス研究所に異動し、研究プロモーション組織「TPO（テクノロジープロモーションオフィス）」を立ち上げ、統括に。研究所からの数々の研究実用化やスピンアウト設立に携わり、現在に至る。

所 眞理雄（ところ・まりお）

慶應義塾大学教授を経てソニー株式会社執行役員上席常務、チーフ・テクノロジー・オフィサー（CTO）を歴任。その間、1988年に株式会社ソニーコンピュータサイエンス研究所を創設。代表取締役社長、代表取締役会長を経て、エグゼクティブアドバイザーに就任し、現在に至る。専門はコンピュータサイエンス、科学技術論、研究マネジメント。一般社団法人ディペンダビリティ技術推進協会（DEOS協会）理事長。著書（編著・共著含む）に『計算システム入門』（岩波書店、1986）、『オープンシステムサイエンス:原理解明の科学から問題解決の科学へ』（NTT出版、2009）、『天才・異才が飛び出すソニーの不思議な研究所』（日経BP社、2009）、『DEOS: 変化しつづけるシステムのためのディペンダビリティ工学』（近代科学社、2014）、「Open Systems Dependability: Dependability Engineering for Ever-Changing Systems, 2nd Edition」（CRC Press、2015）などがある。

研究を売れ！
ソニーコンピュータサイエンス研究所のしたたかな技術経営

二〇一六年一月三〇日　初版発行
二〇一八年三月一五日　第二刷発行

著作者　夏目　哲
所　眞理雄

発行所　丸善プラネット株式会社
〒一〇一－〇〇五一
東京都千代田区神田神保町二－一七
電話（〇三）三五一二－八五一六
http://planet.maruzen.co.jp/

発売所　丸善出版株式会社
〒一〇一－〇〇五一
東京都千代田区神田神保町二－一七
電話（〇三）三五一二－三二五六
http://pub.maruzen.co.jp/

組版　株式会社 明昌堂
印刷・製本　富士美術印刷株式会社
ISBN978-4-86345-275-6 C3034